# Inhaltsverzeichnis

# 1 Einleitung

Der Verlust des Arbeitsplatzes wird von Experten auf die gleiche Stufe gestellt wie eine schwere Krankheit, der Tod eines geliebten Menschen oder eine Scheidung. So dramatisch wirkt sich eine Kündigung auf Körper, Geist und Seele aus. Die gesundheitlichen Folgen für die Betroffenen beginnen meistens mit einem Schock und enden nicht selten in einer Klinik oder sogar mit Suizid. Es gibt Betroffene, die sich vor einen Zug werfen oder bewusst in falscher Richtung auf die Autobahn fahren. Wie verzweifelt muss ein Mensch sein, der keinen anderen Ausweg mehr sieht, als dies zu tun. Für mich eine Katastrophe und ein Armutszeugnis für unsere Gesellschaft, denn wir alle sind an einer Kommunikationskultur und einem Arbeitsverständnis, das Menschen den Freitod wählen lässt, beteiligt. Bewusst oder gedankenlos, direkt oder indirekt durch stillschweigende Akzeptanz. Manager, die Fachbereiche, Divisionen und Länder führen, werden ihrerseits von Managern geführt. Sie stecken in einer Sandwich-Position. Mit Druck von oben und unten müssen sie Forderungen bedienen, die nur wenige Vorgesetzte selbst kritisch in Frage stellen. Im Gegenteil: sie fordern sie ein. Dieser permanente Performance-Druck, dem sie standhalten müssen — 24/7 (24 Stunden/sieben Tage die Woche) — führt bei vielen relativ früh, d. h. bereits in ihren 30er und 40er Jahren zu Burn-out, Depression, Herzinfarkt und Co. Doch niemand, kein Vorgesetzter in einem Unternehmen, mit dem ich bisher sprach, hat diesen Druck je in Frage gestellt oder gar Verantwortung dafür übernommen. Es wird meistens auf die scheinbar einfachste Lösung zurückgegriffen, wenn ein Manager diesem Druck nicht mehr standhält: man kündigt ihm, rettet damit kurzfristig seine eigene Haut und das Spiel beginnt von vorne. Mit der weltweiten Wirtschaftskrise, dem steigenden internationalen Wettbewerb und der Jagd nach immer höherem „Shareholder-Value“ ist der Kampf um jeden Arbeitsplatz und die Karriere rüder geworden. Um welchen Preis? Mobbing wird inzwischen als Kavaliersdelikt wahrgenommen und achselzuckend akzeptiert. Kündigungen werden ruckzuck entschieden und ausgesprochen, weil es der bequemste Weg ist, ein Problem zu lösen — trotz negativer Folgen für den Einzelnen und auch für die Gesellschaft. Gerade wieder höre ich in den Nachrichten, dass ein internationales, namhaftes Unternehmen weitere 10.000 Mitarbeiter und Manager entlassen wird. So viele Mitarbeiter und Manager, die alle einen schlechten Job gemacht haben sollen, kann es bei diesem bekannten Unternehmen gar nicht geben. Mit Sicherheit nicht. Rein statistisch ist das gar nicht möglich. Die wirklichen Gründe werden leider nicht kommuniziert oder diskutiert.

Und noch über eins sollten wir uns bewusst sein: Es kündigen nicht anonyme juristische Gebilde, die sich ‚Unternehmen' nennen, sondern diese Entscheidung treffen immer Menschen. Keine Teams, sondern einzelne Menschen. Menschen, die sich jedoch in der Anonymität der Unternehmensentscheidung verstecken. Das muss aufhören. Führungskräfte sollten auch bei Kündigungen öffentlich die Verantwortung für ihre Entscheidung übernehmen und sich dazu bekennen und sie rechtfertigen. Dieses Buch handelt deshalb von Menschen, nicht von Unternehmen.

Manager sprechen nicht über solche Ereignisse wie die eigene Kündigung, gewertet von der Gesellschaft als Fehlschlag und Versagen in ihrer Karriere. Zudem ist es nicht opportun, darüber offen zu kommunizieren. Weshalb? Kündigungen sind ein Tabu und ein Stigma, ein Makel, der schwarze Fleck auf der weißen Weste. Als Gekündigter wird man von dem relevanten Umfeld diskreditiert und diskriminiert. Der Grund für die Kündigung wird trotz aller Beteuerungen nicht in Frage gestellt: Der Betroffene ist selbst schuld, hat den entscheidenden Fehler und einen schlechten Job gemacht oder wahrscheinlich sogar Schlimmeres angestellt, so das gängige Vorurteil bzw. die Vermutung über Manager, denen gekündigt wurde. Das ist erschütternd für jede loyale Führungskraft, mit der derart umgegangen wird.

Entgegen vieler Gerüchte erhalten Manager zudem nur selten Abfindungen in Millionenhöhe. Zu diesen Glücklichen gehören allenfalls nur 0,0001 % der Managerriege bei derzeit 4 Mio. Managern in Deutschland, davon 1,2 Millionen Frauen (Quelle: Führungskräfte-Monitor 2012, Deutsches Institut für Wirtschaftsforschung). Der Rest erhält die verbleibenden Gehälter in der Kündigungsfrist ausbezahlt wie jeder andere Arbeitnehmer auch.

Erst nachdem ich von meiner eigenen Kündigung erzählte, berichteten mir Manager von ihrer Kündigungserfahrung. Sie erzählten von rüder, respektloser und verletzender Kommunikation und wie man sie von jetzt auf gleich und unerwartet hinauswarf. Welche Wirkungen dies auf sie hatte: physisch, emotional und seelisch. Wie die Art und Weise, wie sie behandelt wurden, ihr Leben und ihre Einstellung zu Unternehmen, ihre Loyalität und ihr Vertrauen zu

Kollegen, Mitarbeitern und Vorgesetzten veränderte — und damit auch ihren eigenen Management- und Kommunikationsstil. Ich war froh, nicht die Einzige zu sein, der es so ging. Und gleichzeitig war ich entsetzt, dass es derart vielen Managern so erging wie mir. Wie gehen Menschen in Unternehmen inzwischen miteinander um? So entstand eines Tages die Idee für dieses Buch.

Ich habe geschätzt mit 70 bis 100 Managern und Mitarbeitern gesprochen, die mir ihre Kündigungsgeschichten erzählten. Mit Managern auf oberer und oberster Hierarchiestufe, die in weltbekannten Unternehmen in Deutschland, der Schweiz, in Italien, Spanien und UK gearbeitet haben und dort auf sehr drastische Art und Weise hinausgeworfen wurden. Die wahren Gründe dafür liegen bis heute im Dunklen. Sie wurden wie Schwerverbrecher behandelt, obwohl sie nicht kriminell geworden waren und den berühmten silbernen Löffel gestohlen hatten.

Eine kleine Auswahl an Spitzenmanagern kommt in diesem Buch zu Wort. Sie erzählen, wie es passierte und wie es ihnen persönlich dabei erging.

Zu lesen ist hier auch die Meinung von Experten, die in ihren Fachgebieten zu den Besten gehören, wenn es um die Erstbetreuung von gekündigten Managern und Mitarbeitern geht: einem Arzt & Sportmediziner, zu dessen Klientel viele Manager gehören, einem Rechtsanwalt spezialisiert auf Arbeitsrecht, einem Personalberater sowie die Geschäftsführerin einer Coaching-Agentur.

Sämtliche Personen und Unternehmen in den Schilderungen werden aus verständlichen Gründen anonymisiert dargestellt. Die vertraglich vereinbarte Schweigepflicht gebietet die Anonymisierung. Es geht abgesehen davon nicht darum, Unternehmen oder Personen an den Pranger zu stellen. Es gibt etwas sehr viel Wichtigeres als Namen zu nennen: die Qualität der Kommunikation und des Umgangs miteinander in Unternehmen, die sich in den letzten 10 Jahren offenbar in dramatischem Maße verschlechtert hat, zu verändern. Eine neue Kälte hat sich in Unternehmen und unter Managern breitgemacht, so die Feststellung.

Und zudem stellen alle Manager, die hier zu Wort kommen, sich natürlich die Frage: *„Wie human ist Human Resources wirklich? Und geht man so mit Ressourcen um?“* Auf die Frage nach den Motiven, weshalb man mir so offen und authentisch Rede und Antwort stand, war unisono die Antwort: „... *weil ich etwas ändern will! Ich will meinen Beitrag dazu leisten, dass sich in Firmen etwas ändert. Es macht keine Freude mehr, in Unternehmen zu arbeiten, wo man derart respektlos und gleichgültig miteinander umgeht und behandelt wird. Über sinkende Leistungsbereitschaft und Identifikation mit dem Unternehmen braucht sich heute kein Arbeitgeber mehr zu wundern.*" Eine signifikante Veränderung, einen Kulturwandel in Unternehmen wollen wir gemeinsam mit diesem Buch initiieren und bewirken! Die Ziele: mehr Menschlichkeit, Wertschätzung, Respekt und Mitgefühl im Umgang miteinander gilt es in Unternehmen umzusetzen, zu leben.

Ich führte übrigens auch Gespräche mit einigen Managern, die nicht zu einem Interview bereit waren, weil sie nicht mehr über ihre Kündigung reden wollten, obwohl diese schon ein paar Jahre zurück lag. Sie sagten mir, dass die Erinnerung daran heute immer noch zu schmerzhaft sei und sie in diesen Schmerz nicht noch einmal eintauchen wollten. Was mag da wohl geschehen sein, dass der Schmerz nach Jahren immer noch so tief sitzt? Offenbar hat sie das Geschehene traumatisiert und sie haben es immer noch nicht ausreichend verarbeitet. Millard Drexler, der 2002 als CEO von „GAP", einer weltbekannten US-Modemarke, gefeuert worden war, beschreibt seine Gefühle sehr offen und klar:

> *„Ja, ich fühle mich schrecklich. Seitdem habe ich nie wieder etwas bei GAP gekauft. Jedes Mal, wenn ich an einem Laden vorbeigehe, werde ich wütend. Ja – jedes einzelne Mal." (Blog S. Müller- Zantop 2013)*

Die meisten Manager, die unfreiwillig gegangen wurden, fühlen sich genauso — auch wenn sie es nicht so offen zugeben können wie Millard Drexler. Deshalb geht es in diesem Buch auch darum zu zeigen, welche Wirkungen Kündigungen auf die Betroffenen haben.

Was bedeuten sie gesundheitlich und emotional? Für diejenigen, die so viel Glück hatten, dass sie sich damit noch nie auseinandersetzen mussten, sei Folgendes kurz erklärt: Gekündigt werden bedeutet nicht, am Abgrund zu stehen und in die Tiefe hinunterzuschauen. Gekündigt werden bedeutet, den Abgrund hinuntergestoßen zu werden, den Boden unter den Füßen zu verlieren und mit dem bekannten Gefühl in der Magengegend in die Tiefe zu fallen. Man rudert mit seinen Armen und versucht sich irgendwo festzuhalten. Doch nichts dergleichen ist möglich. Dieses nahezu unerträgliche Gefühl hört erst dann auf, wenn man unten angekommen ist und begreift, was passiert ist. Das kann Wochen dauern. Bis dahin fallen wir. Kommen private Probleme dazu, wie die Trennung vom Partner, finanzielle Sorgen oder eine Krankheit, verliert man nicht nur den Glauben an alles, sondern man stellt sich dann auch die Frage nach dem Sinn seines Lebens.

Wenn Sie als Betroffener diese Geschichten lesen, werden Sie erleben, dass Sie nicht allein sind, dass es da draußen in der Welt sehr viele Menschen gibt, denen es ähnlich ergangen ist wie Ihnen. Mein Weg aus meiner persönlichen Katastrophe heraus erfolgte für viele in meinem Umfeld in überraschend kurzer Zeit. Alles das, was ich in dieser Zeit lernen durfte, und wie ich mich aus dem Sumpf wieder herausgezogen habe, wird in diesem Buch erzählt. Es war kein einfacher Weg, doch er zeigt Möglichkeiten auf, die in diesen Situationen wirksam helfen können.

Da wir mit diesem Buch vor allem auch Veränderungen in Unternehmen bewirken wollen, werden im dritten Teil Empfehlungen und Hinweise aufgezeigt, wie man sich bei Kündigungen so verhalten muss, dass mindestens Schadensbegrenzung für die Betroffenen erzielt werden kann. Leider wird das psychologische Basiswissen für Führungskräfte, das notwendig ist, Kündigungen so schonend wie möglich anzugehen, derzeit an keiner mir bekannten Business School vermittelt. Manager werden stattdessen ins kalte Wasser geworfen und sollen es irgendwie richten. In diesem Buch werden deshalb auch Wege aufgezeigt, wie man sich als Manager angemessen gegenüber Betroffenen verhält, denn Verantwortung für Mitarbeiter und Führungskräfte auch in Kündigungsfragen ist nicht nur Chefsache, sondern betrifft alle.

Ich wünsche mir, dass Manager und Unternehmen in Zukunft offen, menschlich und fair mit dem Thema Kündigung umgehen. Ich hoffe, dass Kündigungen in unserer Gesellschaft nicht mehr tabuisiert und stigmatisiert werden, sondern auch als etwas Positives gewertet werden können. Denn: Eine Kündigung bedeutet nicht das Ende der Welt, sondern ist immer der Anfang von etwas Neuem und Besserem.

*Gabriele Euchner, Oktober 2013*

# 2 Schöne, neue Arbeitswelt?

Stellen Sie sich vor, man teilt Ihnen am Sonntag per E-Mail mit, dass Sie gekündigt sind und dass Sie ab Montag nicht mehr in die Firma zu kommen brauchen. Sie sind die ganze Zeit ahnungslos darüber gewesen, was sich da hinter Ihrem Rücken zusammengebraut hat. Und vor allem wissen Sie nicht, weshalb man Sie feuert.

Oder Sie kommen eines Tages in Ihr Büro und ein Ihnen fremder Mann sitzt auf Ihrem Stuhl. Er fragt Sie: *„Was kann ich für Sie tun?"*, und Sie entgegnen: *„Hier liegt wohl ein Missverständnis vor. Das ist mein Büro, ich arbeite hier."* Der Herr sagt daraufhin ganz ruhig: *„Jetzt nicht mehr"*!

Dazu passt auch die Geschichte von Thomas, der von seiner Kollegin eher zufällig gefragt wurde, ob er wüsste, dass sein Rauswurf bereits in dem öffentlichen Terminkalender für den kommenden Montag 9 Uhr angekündigt sei.

Diese Vorfälle sind nicht erfunden, sondern inzwischen traurige Realität in unserer heutigen Unternehmenswelt. Weitere Bände könnten gefüllt werden mit solchen Ereignissen, die sich jeden Tag in Unternehmen zutragen, schlimmer noch: praktiziert werden. Doch niemand spricht über diese Dramen, die unsere Unternehmenskulturen, die Kommunikation miteinander so nachhaltig und unbemerkt negativ beeinflussen.

Nicht nur Mitarbeiter von Unternehmen sind von der Kündigung ihres Jobs betroffen, verbunden mit den dramatischen Konsequenzen für sich selbst und die Familie. Drastische Kündigungen haben darüber hinaus mehr qualifizierten Managern das Leben wirklich schwer gemacht als allgemein bekannt ist. Wenig geschützt durch das gängige Arbeitsrecht werden sie ohne Begründung mit einem Fußtritt hinaus befördert — innerhalb von wenigen Minuten.

Die Kündigungsgeschichten, die im Folgenden erzählt werden, sind ein Spiegelbild unserer Arbeits-und Managementwelt geworden, in dem Menschen offenbar nicht mehr als Menschen behandelt werden, sondern wie Gebrauchsgüter. Eine Wegwerfgesellschaft, die inzwischen auch den Menschen einschließt. Eine ganz neue Art von Führungsstil hat sich in den letzten Jahren entwickelt und wie eine Epidemie ausgebreitet. Die Arbeitskraft wird in dieser Welt behandelt wie ein Konsumgut: Wenn ein Mitarbeiter oder Manager nicht mehr von Nutzen ist, wird er weggeworfen und ausgetauscht mit jemandem, der scheinbar intelligenter, besser, sympathischer ist. Humanität, Zeit und Geld spielen auf einmal keine Rolle mehr. Je schneller man dann jemanden loswerden kann, desto besser. Die Philosophie der Wegwerfgesellschaft hat sich übertragen auf die Art und Weise, wie heutzutage Führung in Unternehmen gelebt wird. Sie gipfelt in der Gleichgültigkeit und Kaltblütigkeit, mit der zumeist verdiente Mitarbeiter und Manager gefeuert werden. Und wenn Sie jetzt denken: „Ich hab‘s ja immer vermutet, die da oben sind noch schlimmer als bekannt ist“, dann muss ich Sie enttäuschen. Manager und Führungskräfte mit dieser Wegwerfmentalität gibt es auf allen Ebenen und in allen Fachabteilungen. Sie sind überall dort zu finden, wo es (angehende) Vorgesetzte mit Mitarbeiterverantwortung gibt — sei es im Vertrieb, Marketing, der Produktion, in den Abteilungen Finanzen oder HR. Betroffen von dieser Wegwerfmentalität sind jedoch auch diese Manager und Führungskräfte selbst, die wiederum Vorgesetzte haben, die über deren Wohl und Wehe in gleicher Art und Weise entscheiden.

Abgesehen davon hat auch die tatsächliche Welt und Realität des täglichen Manager-Marathons wenig mit dem Bild zu tun, das in der Öffentlichkeit herrscht. Weit über das übliche Maß an Arbeits-und Überstunden in Büros und Konferenzräumen meistens bis spät in die Nacht hinein, Wochenend-Arbeit, Rund-um-die-Uhr-Verfügbarkeit, sieben Tage die Woche für den Chef, die Vorstände, die Aufsichts- oder Verwaltungsräte, eine rege Reisetätigkeit, verbunden mit unendlich viel verlorener Zeit auf Flughäfen, Bahnhöfen und in Hotels, sind der tägliche Alltag. Zeit, die für die Familie oder Freizeit oder gar für sich selbst fehlt. Kein Spaß, Luxus oder sonstige blumige Märchengeschichten pauschal über Manager ausgegossen, sondern ein hoher Preis, den diese für ihr Engagement für das Unternehmen und die Mitarbeiter bezahlen. Ein Ungleichgewicht zwischen dem, was sie für das Unternehmen leisten und wie sie im Gegenzug oft dagegen behandelt werden — ohne Anerkennung, ohne Respekt und Empathie. Getrimmt auf die Erreichung von Zielen und die Umsetzung von Strategien sind viele selbst nicht mehr in der Lage, Mensch zu bleiben. Sie verhalten sich so, wie sie es von ihren Vorgesetzten vorgelebt und abgeschaut haben — wie moderne Sklaventreiber.

Wie ist das möglich geworden? Am Anfang stand wie so oft der gute Wille, Dinge besser zu machen. Vor ca. 20 Jahren kamen erstmals Unternehmensberatungen in die Unternehmen und propagierten Manager-Assessments, um mehr Transparenz über die Menschen in Unternehmen zu erhalten. 360-Grad-Evaluierungen, MBTI-und DISC-Typisierungen zur Durchleuchtung der Persönlichkeit, der Führungsqualität und der Team-Kompatibilität wurden erfunden, durchgeführt, dokumentiert und in den Personalakten abgeheftet. Ursprüngliches Ziel dieser Instrumente war es, in offenen Feedback-Gesprächen die Leistung zu diskutieren und Managern und Mitarbeitern so eine Chance zu geben, sich auf Basis dieses erweiterten Wissens weiterzuentwickeln. Die Führung von Managern und Mitarbeitern sollte messbar gemacht werden. Einerseits als Steuerungsinstrument zur Evaluierung der Führungsqualität eingesetzt sowie zur Verbesserung der Kompatibilität von Mitarbeitern und Managern in Regionen, Divisionen und Teams. Wichtige Ziele in der Personalführung. Andererseits wurden so Manager und Mitarbeiter in Schubladen gesteckt, zu Typen zusammengefasst und entsprechend beurteilt, um sie angeblich effizienter führen zu können.

Doch was passierte stattdessen? Statt damit mehr Transparenz, Offenheit und Austausch zu erreichen, hat eine Anonymisierung stattgefunden. Die Stärken und Schwächen des Einzelnen sowie Ziele werden nunmehr in Zielvereinbarungsformularen festgehalten, per E-Mail verschickt und ein bis zwei Mal im Jahr kurz besprochen. Das tägliche oder wöchentliche Gespräch bzw. der direkte und sofortige Austausch zur Lösung von Konflikten zwischen Führungskräften und deren Mitarbeitern findet oft nicht mehr statt. Vielmehr werden diese Formulare genutzt, um über das Jahr hinweg still und heimlich Positiv- und Negativpunkte zu sammeln, bis das Büchlein voll ist. Jeder Vorgesetzte hat so ein Büchlein, denn wie soll er bzw. sie sich alles merken, was im Laufe eines Jahres Mitarbeiter bzw. Manager gut oder schlecht tun. Inwieweit dies jedoch mit dem Persönlichkeitstyp des Mitarbeiters bzw. Managers zu vereinbaren ist und welche Maßnahmen zu ergreifen wären, um Verbesserungen zu erzielen, das wird nicht gelehrt oder entsprechend verfolgt. Zudem ist es nach einem halben Jahr bereits zu spät, um das damalige Problem in den Griff zu bekommen.

Soviel zum Wert und der Nutzung solcher Instrumente. Hier wäre noch viel Potenzial für Verbesserungen zu entdecken. Dies alles zeigt: Die Anonymität hat Einzug gehalten in den Managementetagen und in der Personalführung, weil sich die Kommunikation miteinander auf Formulare und Geschäftsthemen reduziert hat. Die persönliche Einschätzung von Qualifikation und Charakter eines Mitarbeiters oder Managers auf Basis eigener Menschenkenntnis, Leistungserwartungen, Gesprächen und bewährtem Bauchgefühl ist verloren gegangen, denn Entscheidungen in der Personalführung lassen sich damit nicht in den zur Verfügung stehenden Instrumenten dokumentieren und kontrollieren. Die Distanz zueinander ist mittlerweile in Unternehmenskulturen oft so groß, dass inzwischen nur noch kryptische Andeutungen gemacht werden, wenn es um Konflikte geht. Der Versuch, anhand dieser Führungsinstrumente einen Menschen und seine Handlungsmotive zu verstehen und zu erklären, hat noch nirgendwo funktioniert, wo ich deren Einsatz erleben durfte – ganz zu schweigen davon, dass man damit unmittelbar einen Zusammenhang zwischen Ursache und Wirkung, zwischen Charakter und Problem herstellen könnte. Die kontroversen Einstellungen in Konfliktgesprächen werden deshalb gerne unter den Teppich gekehrt. Lieber ein Formular ausfüllen, als miteinander sprechen. Lieber nichts tun und sagen als etwas Falsches, das ein unberechenbares Urteil hinter dem eigenen Rücken provoziert. Lösungen gemeinsam zu erarbeiten, ist nicht mehr opportun, weil beide Seiten in dafür notwendigen Konfliktgesprächen nicht miteinander umgehen können bzw. nicht gelernt haben. Statt gemeinsam Lösungen für sachliche Probleme zu finden, reduzieren sich die Diskussionen auf Schuldzuweisungen und Rechtfertigungen, denn im Gespräch wird gleichzeitig die Persönlichkeit des Mitarbeiters bzw. Managers in Frage gestellt.

Auf einer solchen Diskussionsgrundlage und mit dieser Grundeinstellung lassen sich selten kreative und intelligente Lösungen für Unternehmensprobleme finden. Wenn Probleme in einem Bereich eines Managers oder Mitarbeiters zum wiederholten Male aufkommen, wird sich der Person entledigt statt sich darum zu kümmern, deren Qualifikation zu verbessern. Das ist gängige Praxis geworden. Viel Geld und viel Zeit, die damit verloren gehen, sowie die Wirkung auf alle anderen im Unternehmen scheinen keine Rolle mehr zu spielen in unserer heutigen Arbeitswelt.

Ein weiterer Aspekt in der Führung von Mitarbeitern und Managern hat sich ebenfalls stark verändert: Die völlig zu Recht erfundene Probezeit existiert praktisch nur noch auf dem Papier. Sie wird nicht mehr wirklich ernst genommen, so meine Beobachtung. Weshalb? Meines Erachtens ein Zeit-, Geld- und Imageproblem! Schließlich hat man genug Zeit und Geld in die Akquisition des neuen Kandidaten investiert. Die Entscheidung für den einen Bewerber darf daher erst einmal in keinem Fall in Frage gestellt werden. Wenig werden Vorgesetzte dabei unterstützt, neu eingestellte Manager in der Probezeit wirklich zu prüfen und diese in dieser Zeit gegebenenfalls wieder zu verabschieden. Mir wurden sogar Geschichten von Managern erzählt, die während der Probezeit von sechs Monaten zwar nicht gekündigt wurden, dafür jedoch zwei Monate später, als bereits die Festanstellung schriftlich bestätigt worden war. Dann musste jedoch die volle sechsmonatige Kündigungsfrist ausbezahlt werden, was innerhalb der Probezeit mit einer monatlichen Kündigungsfrist nicht notwendig gewesen wäre. In diesem Beispiel war übrigens der Nachfolger noch nicht bestimmt. Die Kündigung erfolgte erst so viel später nach der vereinbarten Probezeit, weil niemand rechtzeitig die Notbremse gezogen oder sich um die vertraglich festgelegte Probezeit gekümmert hatte. Das ist fehlende Professionalität. Schuld an einer solchen Schlampigkeit, die das Unternehmen mehr Geld gekostet hat, als notwendig gewesen wäre, sind immer zwei Seiten: der jeweilige Vorgesetzte und HR. Viele kleine Fehler vieler Mitarbeiter und Manager machen eben auch Mist und treiben manches Unternehmen an den Rand des Ruins, und nicht die vielfach gern zitierte „falsche Strategie“ von Managern. Die Last der Verantwortung betrifft alle, sollten alle gemeinsam tragen.

Wie eingangs bereits erwähnt, scheinen einige Menschen in der Unternehmenswelt vergessen zu haben, wie man miteinander umgeht, was Anstand und Menschlichkeit bedeutet, Achtsamkeit und Aufmerksamkeit, Wertschätzung und Respekt. Schnelles Erledigen oder Delegieren von unangenehmen Aufgaben wie einer Kündigung sind stattdessen die Regel, nicht die Ausnahme.

**BEISPIEL**

Dies zeigt zum Beispiel die eingangs erwähnte Geschichte von Thomas, der von seiner Kollegin an einem Donnerstagabend erfuhr, dass seine Kündigung für Montagmorgen im offenen, d. h. allen im Unternehmen zugänglichen Online-Terminkalender der Vorgesetzten bereits determiniert war. Thomas konnte es nicht glauben, war sichtlich schockiert, als er dies hörte und anschließend selbst die Notiz las. Was wie ein schlechter Witz seiner Kollegin klang, stellte sich als bitterer Ernst heraus. Wahrhaftig stand für Montagmorgen im Kalender seiner Chefin „Kündigung Thomas". Er fuhr sofort nach Hause, ohne die Vorgesetzte auf diese Notiz anzusprechen oder Rechtsanwälte einzuschalten. Er stand unter Schock. Versuchen Sie sich einmal vorzustellen, wie Sie sich fühlen würden, wenn man das mit Ihnen machen würde. Sie sitzen vor Ihrem PC, schauen in den Kalender und dort steht geschrieben, dass Ihnen am Montag gekündigt wird. Und der Rest des Teams, das ganze Haus weiß es natürlich bereits auch.

Thomas biss jedoch die Zähne zusammen und behielt die Faust in der Tasche. Am Montagmorgen fuhr er ins Büro und nahm gefasst die Nachricht entgegen. Seine Vorgesetzte konnte es nicht besser treffen, denn Thomas hat es für sie leicht und unkompliziert gemacht. Nach dem Kündigungsgespräch hielt sie das übliche Montagsmeeting ab, in dem sie das Team über die Kündigung informierte. Sie verhielt sich so, als ob sie auf einer Party wäre — enthusiastisch und in bester Laune.

Thomas hätte sich sofort einen Rechtsanwalt nehmen sollen, den Kalendervermerk offiziell ignorieren und sich krankschreiben lassen können für die nächsten vier Wochen oder länger. Dann wäre die Kündigung erst mal nicht möglich gewesen und sein Aufgabengebiet wäre nicht bearbeitet worden. Es hätte für alle Beteiligten in dem Unternehmen jedoch noch viel schwerer werden können, wenn Thomas in seinem Schock Suizid als einzigen Ausweg gesehen hätte. Er wäre kein Einzelfall gewesen. Diese Kündigungsgeschichte ist tatsächlich passiert. Es ist die wahre Geschichte eines Managers in einem weltbekannten Konzern mit dem Hauptsitz in einem europäischen Staat — nicht etwa in den USA oder in einem amerikanischen Konzern, denen gerne solche Verhaltensweisen unterstellt werden.

Ob diese Kündigungsnotiz im öffentlichen Terminkalender perfide Absicht oder Gedankenlosigkeit der Chefin war, ist dabei völlig gleichgültig. Einem Manager mit Mitarbeiterverantwortung darf so etwas einfach nicht passieren.

Solche Verhaltensweisen sind auch für den Rest der Belegschaft nur schwer auszuhalten. Man kann sich vorstellen, wie sich die – noch nicht gekündigten – Mitarbeiter und Manager fühlen, wie sich deren Loyalität und Identifikation mit dem Unternehmen daraufhin entwickelt hat. Keiner, der dort arbeitet, fühlt sich mehr sicher.

„Wann bin ich der/die Nächste?", fragt man sich immer dann, wenn man in den Kalender dieser Managerin blickt. Misstrauen, Verlust der emotionalen Sicherheit, Angst und Mobbing werden in diesem Unternehmen inzwischen das Betriebsklima bestimmen. Es entsteht täglich emotionaler Stress, der unnötig wäre und Menschen mittelfristig in die Krankheit führt. Eine erwünschte Unternehmenskultur, die auf Vertrauen aufbaut, auf individuellem Gestaltungsfreiraum, emotionaler Sicherheit sowie wertschätzender Kommunikation, ermöglicht, Menschen und komplette Teams zu stärken. Eine vertrauensvolle Unternehmenskultur impliziert eine andere Verhaltensweise von Managern als oben beschrieben. Respekt und Mitgefühl sind stattdessen angebracht.

Dass die Managerin heute noch in ihrer Position fest im Sattel sitzt, sagt sehr viel über das Unternehmen und seine Kultur aus. Dass der Managerin aufgrund dieses Vorfalls nicht sofort gekündigt wurde, zeigt, dass demütigendes und respektloses Verhalten in diesem Unternehmen weder kontrolliert noch geahndet wird. Stattdessen wird es Schule machen, weil es als akzeptiertes Verhalten verstanden wird. Die Person, die mir die Geschichte erzählte, suchte sich übrigens nach diesem Vorfall einen neuen Job in einem anderen Unternehmen. Es war für sie unerträglich geworden, weiter dort zu arbeiten.

Ein andere krasse, jedoch leider wahre Geschichte ereignete sich wie folgt: Ein Manager will am Montagmorgen nichtsahnend mit seinem Wagen in die Tiefgarage fahren. Seine Karte zum Öffnen des Tors funktioniert jedoch nicht. Er parkt den Wagen draußen, geht zur Rezeption und bittet um eine neue Keycard, weil er annimmt, dass die Karte das Problem ist – und nicht er. Die Empfangsdame reagiert irritiert. Statt zu sagen: *„Ich besorge Ihnen eine neue Karte!"*, greift sie sofort zum Telefonhörer und telefoniert. Kurze Zeit später kommt sein Vorgesetzter mit einer Security-Begleitung zur Rezeption und eröffnet ihm dort inmitten der hereinströmenden Kollegen: *„Sie sind gekündigt und haben keinen Zutritt mehr zum Unternehmen. Folgen Sie dem Security-Mann in Ihr ehemaliges Büro, packen Sie Ihre privaten Sachen und geben Sie sämtliche Kennwörter, Kreditkarte, Handy und Laptop dem Security-Mann zurück. Sie haben dafür genau 15 Minuten Zeit.“* Das alles ohne persönliches Gespräch und ohne Begründung. Er bekam auch ebenso wenig die Chance, sich von seinen Mitarbeitern und Kollegen zu verabschieden.

Woran liegt es, dass sich Vorgesetzte derart rücksichtslos verhalten und kommunizieren? Ist es der Versuch, ihre Entscheidung durch offensichtliche Härte vor anderen und vor sich selbst zu rechtfertigen? Wie anders ist zu erklären, dass nach der Kündigung noch monatelang um Wortkonstruktionen in Zeugnissen gefeilscht wird, die den ehemals hoch gelobten Mitarbeiter oder Manager in jedem Fall auf der Suche nach einem neuen Job in Schwierigkeiten bringen werden? Wem sollte das etwas nützen? Nicht mal dem ehemaligen Vorgesetzten, denn dem ist es sowieso egal, was mit dem Mitarbeiter bzw. Manager passiert, sobald er das Gebäude verlassen hat. Ein Kontroll-Gremium für Kündigungen sollte in jedem Unternehmen implementiert werden, das Vorgesetzten genau vorschreibt, wie sie diese schwere Aufgabe adäquat und menschlich im Sinne der Unternehmenskultur tatsächlich umzusetzen haben.

Kein Wunder, dass Unternehmenswerte, eine Verständnis- und Vertrauenskultur, der menschliche Umgang miteinander auf der Strecke geblieben sind, denn man kümmert sich primär um sich selbst in dieser ach so schönen, neuen Business-Welt. Bleiben alle nach außen cool und sagen nichts, weil die Angst so groß ist, dass sie selbst gekündigt werden könnten, wenn sie etwas sagen? Haben sie sich damit abgefunden und spielen sie das Spiel mit, damit sie nicht auffallen? Das heißt doch, sich von der Angst und vor allem dem Umfeld steuern lassen. Nicht mehr selbst, seinen Job und das eigene Leben zu führen. Freiheit schmeckt für mich anders, fühlt sich anders an ...

# 3 Geschichten, die das Leben schreibt

## 3.1 Anja P.: Die Wirklichkeit ist härter als jeder TV-Krimi

Anja P. *(Name geändert)*, Mitte 40, ist die Geschäftsführerin eines Schweizer Coaching-Unternehmens, das sich auf das Coaching und die Erstbetreuung von Menschen spezialisiert hat, denen gekündigt wurde. Unzählige Beispiele an respektlosen Rauswürfen, fehlender Empathie der Vorgesetzten und eklatanten Kommunikationsfehlern in Unternehmen jeglicher Größe und Herkunftsländer werden ihr täglich berichtet. Sie öffnet die Kammer des Schreckens für dieses Buch. Wir treffen uns in ihrem Büro in Zürich.

*Anja P.: „Soll ich einfach beginnen? Eines Tages kam eine Frau in mein Büro. Sie war eine promovierte Tierärztin, die ihren Beruf in ihrer eigenen Praxis nach einem Unfall nicht mehr ausüben konnte. Sie fand nach einiger Suche eine Stelle in einem Pharma-Unternehmen für Tiermedikamente – ein Familienunternehmen, das wirtschaftlich in einem katastrophalen Zustand ist. Ich kenne das Unternehmen aus mehreren Fällen, die mir hier erzählt wurden. Damit die schwache Leistung dieses Unternehmens nicht öffentlich bekannt wird, wechselt man im Turnus von neun bis zwölf Monaten – mal vollständig, mal vereinzelt – die Führungskräfte aus. Die Klientin erzählte, dass man ihr bei der Vorstellung und den Interviews den neuen Job als Führungskraft damals als tolle Möglichkeit verkauft hatte. Und kaum war sie dort, drehte sich alles. Man hat sie eingestellt, doch ihr weder Verantwortung und Kompetenzen gegeben, noch hat man ihr den Zugang zu wichtigen Personen wie internen Ansprechpartnern oder medizinischen Profilen gewährt. Sie konnte ihren Job nicht so verantwortlich und professionell ausführen, wie sie es vorhatte. Stattdessen wurde sie im Turnus von zwei Monaten jeweils mit der pauschalen Bewertung konfrontiert: ‚Sie genügen nicht. Sie erfüllen den Job nicht so, wie wir das erwarten.‘ Es wurden Ziele vorgegeben, die nicht zu erreichen waren. Und mit diesen Argumenten hat man dann die Führungskräfte letztendlich auch gekündigt. Da sie aufgrund des Unfalls nicht mehr in ihren ursprünglichen Beruf zurückgehen konnte, hat sie sich natürlich lange nicht getraut, etwas zu sagen, hat das Spiel ihrer Vorgesetzten mitgemacht. Man hat sie psychisch so fertiggemacht, dass sie nicht mehr schlafen konnte. Das war auch der Zeitpunkt, in dem die körperlichen Beschwerden begannen. Nach 15 Monaten wurde sie hinausgeworfen. Das ist übrigens die Dritte aus dieser Firma, die bei mir nach so kurzer Zeit gelandet ist – innerhalb von vier Jahren. Und jeder dieser drei Führungskräfte hatte einen Hochschulabschluss im wissenschaftlichen Bereich.*

*Viele meiner Klienten, die einen neuen Job suchen, sagen mir, dass generell der Ruf der Abteilung ‚Human Resources' sehr negativ besetzt ist. Ich habe schon Klienten gehabt, die gesagt haben, dass die Stellensuchenden nur noch ‚Kanonenfutter' oder eine Nummer für die Personen in der Abteilung ‚Human Resources' sind. Man spricht doch auch von ‚Human Capital'. Ich frage mich, ob sich ‚Human Resources' tatsächlich der menschlichen Ressourcen bewusst ist bzw. wie sie tatsächlich mit ‚Human Capital', also mit Kapital, umgehen. Mit Kapital geht man in der Schweiz eigentlich anders um. In Menschen investiert man doch besser. Menschen muss man zudem behutsam und wertschätzend behandeln!"*

**„Welche Geschichte war für Sie die erschütterndste, die Sie gehört oder erlebt haben?"**

*Anja P.: „Die wirklich erschütterndste? Die ist letzte Woche passiert ...".*

*Sie zeigt mir die Todesanzeige eines Klienten.*

*Anja P.: „Er hat einen Herzstillstand gehabt."*

**„Aufgrund der Kündigung?"**

*Anja P.: „Nein, aufgrund der Geschichte danach. Er war ohnehin schon ein sehr introvertierter Mensch, ein Ingenieur. Das Coaching mit ihm war nicht sehr einfach. Über ihn wurde gesagt, dass er sich schlecht integrieren kann, weil er nicht viel kommuniziere. Das führte schließlich dazu, dass er sich immer mehr zurückzog. Dann ist die Ehe auseinandergegangen und die Kinder wollten nicht mehr viel von ihm wissen. Er sah sich selbst als Versager. Und jetzt war es offenbar zu viel. Anfang Januar hatte er einen Herzstillstand – und das mit 57 Jahren. Was mich ganz besonders betroffen macht, ist, dass keine Bereitschaft einer Firma da war, ihm als Mensch, nur weil er introvertiert ist, auf der fachlichen Ebene wenigstens eine Chance zu geben. Das finde ich unglaublich hart. Dass man offenbar heutzutage noch nicht einmal*

*Chancen bekommt. Dass man die Leute irgendwo in eine Ecke drückt oder in eine Schublade steckt und ungeprüft behauptet: ‚Der ist schwierig!‘*

*Eine andere Geschichte ist die einer Spanierin, die im Management eines internationalen Konzerns in dem Bereich Logistik und Supply Chain tätig war. Eine Spitzenmanagerin. Sie war seinerzeit in die Schweiz geholt worden – eine ganz feine Frau. Sie hat weit über das übliche Maß hinaus gearbeitet. Man realisierte bei ihr, dass sie nie Nein sagte und man ihr immer noch mehr aufladen konnte. So lange, bis sie einen Burn-out hatte. Doch dann hieß es: ‚Ja, wenn du dem Druck nicht gewachsen bist, trennen wir uns.‘, und sie wurde gekündigt.“*

**„Wie erging es ihr danach, krank mit Burn-out und auf der Suche nach einem neuen Job?“**

*Anja P.: „Sie hat sehr lange gebraucht, bis sie sich erholt hatte, auch körperlich. Dazu kam die Unsicherheit, ob sie einen neuen Job bekommen würde und natürlich, ob sie in der Lage ist, eine nächste Aufgabe anzunehmen. Die Angst war riesig, weil sie wusste, dass sie krank geworden war, weil sie so viel gearbeitet hatte. Das haben ihr ja auch ihre Mitarbeiter gesagt: ‚Du machst zu viel‘. Aber irgendwo selber dann das Maß zu halten, fällt vielen schwer. Ich glaube, dass es gar unmöglich ist. Selbst ich weiß heute nicht mehr, ob ich auch mal Nein sagen darf. Ist das noch normal?‘*

*Eine andere Geschichte ist die eines Wirtschaftsjuristen mit einem ausländischen Namen, der aber in der Schweiz aufgewachsen ist. Er hatte eine Position angetreten, die zeitlich auf sechs Monate befristet war – mit einer Option auf eine Verlängerung. Nach dem ersten Arbeitstag kamen der Linienchef und die HR-Leiterin zu ihm, beide hochrot im Gesicht. Sie teilten ihm mit, dass er am nächsten Tag nicht mehr zu kommen brauche. Der Grund: Die Geschäftsleitung hat im Nachhinein entschieden, dass man die Stelle jetzt doch nicht braucht. Man hat also vorab einen aufwändigen Recruitingprozess betrieben, weil es um eine Vertrauensposition ging, da er mit vertraulichen Informationen und Unterlagen zu tun hat. Man hat ein Assessment gemacht und das übliche Prozedere. Drei Interviews hatten im Vorfeld stattgefunden. Man schickte ihn auch zur Probe in verschiedene Abteilungen und hat ihn dann erst eingestellt. Ein Denkfehler, den offenbar viele Führungskräfte machen, ist zu glauben, der Recruitingprozess kostet nichts. Viele Manager denken einfach nicht gesamthaft oder gar unternehmerisch.“*

**„Und so stand der Wirtschaftsjurist wieder auf der Straße!“**

*Anja P.: „Ja, so schnell und unerwartet kann es gehen. Was auch der Fall einer Juristin im Management einer Großbank zeigt. Sie hat über Jahre den Bereich ‚Legal & Compliance‘ geleitet. Sie hat 20 Jahre gute Arbeit geleistet und war über 50, als sie zu mir kam. Nach 20 Jahren hat man die Abteilung umstrukturiert und entschieden, man brauche jetzt angeblich Leute mit besseren Examensnoten. Dann wurde sie von einem Tag auf den anderen gefeuert. 20 Jahre war sie jedoch gut genug, hat die Abteilung komplett aufgebaut. Ihr ging es psychisch nicht gut, als wir uns das erste Mal begegneten. Diese Geschichte hat auch eine seltsame Fortsetzung gefunden: Sie wurde drei Monate von mir gecoached. Danach bekam sie ein Angebot in einer Vermögensverwaltung mit Hauptsitz in Übersee. Man hat sie eingestellt, um ein Büro in der Schweiz aufzubauen. Sie war zwei Wochen im Ausland und wurde dort herumgereicht. Nach dem ganzen Aufwand hat man dann entschieden, dass die Schweiz doch zu wenig abwirft und das Büro in Zürich nicht eröffnet wird. Nach vier Monaten war sie wieder draußen. Was jetzt aus ihr geworden ist, weiß ich leider nicht. Auch hier ist es ähnlich wie bei dem Wirtschaftsjuristen. Zuerst pflanzt man Hoffnungen und macht Versprechungen und plötzlich ist alles anders und man katapultiert die Leute ruckzuck vor die Tür.“*

**„Offenbar können sich Unternehmen das immer noch leisten!“**

*Anja P.: „Ja, und hier habe ich noch ein Beispiel – von einem Herrn, der auch bei einer Bank beschäftigt war. Auch er war Top-Führungskraft, und zwar an der Schnittstelle zwischen IT und Operations. Ein Skandinavier mit doppelter Staatsbürgerschaft, auch Schweizer. Jemand, der nicht nur seinen Job an sich sehr ernst genommen hat, sondern auch seine Führungsaufgaben. Und er war einer derjenigen, der mir gesagt hat: ‚Menschen führen heißt auch, die Verantwortung für diese Menschen zu übernehmen. Er hat sich extrem für seine Mitarbeiter eingesetzt. Vor zwei, drei Jahren hat es angefangen, dass die Bank sehr viele Leute entließ. Ich habe ihn in unserem Gespräch gefragt: ‚Und wie war die Stimmung damals in der Bank?‘ Ich vergesse nie, wie er darauf reagierte. Er saß in der Ecke, lief rot an und es platzte wütend aus ihm heraus: ‚Es war der Horror! Die haben vorher gewusst, dass so und so viele Leute in den verschiedenen Abteilungen entlassen werden sollten. Doch man hat mit der Ungewissheit gespielt und alle eingeschüchtert. Man hat uns zum Teil bis zu einem Jahr in der Ungewissheit gelassen, wer jetzt gekündigt wird. Jeder konnte dazu gehören. Was dann passierte, war klar. Intern baute sich zwischen den Personen ein Konkurrenzdruck auf, der sehr destruktiv war. Ich ahnte, dass ich ebenfalls zu denen gehören würde, denen gekündigt werden sollte. Deshalb war es das Beste, als es dann endlich soweit war, dass man mir kündigte. Es war wie eine Erleichterung, denn dann war es endlich klar.' Das Verhalten der Bank, wie mit den Leuten umgegangen wurde, wurde übrigens sogar in den Medien publiziert."*

**„Wie war der Ablauf der Kündigung?"**

*Anja P.: „Man hat ihn dann gerufen und gesagt: ‚Sie haben ja gewusst, es wird Kündigungen geben. Sie können Ihren Schreibtisch räumen. Da draußen ist ein Telefon. Also, wenn Sie möchten, können Sie Ihre Frau jetzt anrufen.' Was auf der einen Seite eine Erleichterung war, war auf der anderen Seite trotzdem der große Schock. Kein ‚Tut uns leid' oder ‚Danke für Ihren Einsatz. Der Herr Sowieso von der Outplacement-Agentur steht Ihnen zur Verfügung.' Nichts dergleichen. Einfach abgehakt und dann kam der Nächste dran. Er ist mittlerweile nicht mehr in der Schweiz. Er hat eine Stelle im Ausland angenommen und ist die ersten zwei Jahre am Wochenende immer nach Hause geflogen. Dann kam die Familie nach. Das hieß aber auch, dass die Kinder entwurzelt wurden und ebenso die Frau, die berufstätig war. Sie konnten nicht einfach an einen anderen Ort in der Schweiz umziehen, sondern mussten gleich in ein anderes Land. Eine andere Sprache, andere Systeme, andere Umgangsformen, eine andere Kultur – alles neu. Der hat mir wirklich leidgetan."*

**„Ich bin der Auffassung, dass man Vorgesetzte, die Mitarbeiter und Manager ein ganzes Jahr lang mit dem Damoklesschwert der Kündigung über sich arbeiten lassen, direkt hinterher schicken bzw. feuern sollte."**

*Anja P.: „Ja, das sehe ich auch so. So, schauen wir mal, wer da noch ist. Hier ist eine Schulkollegin von mir. Die habe ich hier in einem unserer Workshops wiedergetroffen nach 20 Jahren. Sie hatte in ihrem damaligen Unternehmen eine leitende Funktion. Es gab einen Führungswechsel und sie sagte, sie wurde einem neuen Chef zugeordnet, dem sie offenbar nicht genehm war. Die Chemie stimmte einfach nicht. Es gab aber keinen fachlichen Grund gegen sie. Eines Freitagabends wurde sie zum obersten Chef zitiert. Eine Personalmanagerin war ebenfalls anwesend. Man hat ihr gesagt, dass man sich entschieden hat, sich von ihr zu trennen – ohne Angabe von Gründen. Geahnt hatte sie nichts. Sie wurde ins Büro zurückbegleitet und sollte ihren Schreibtisch räumen. Verabschieden durfte sie sich von niemandem mehr. Und damit sie sich möglichst beeilt, hat man ihr ein paar Papiertüten hingelegt für ihre privaten Sachen. Und während sie einpackte, standen zwei Security-Personen in der Tür und haben sie beobachtet. Die haben ihr dann auch den Schlüssel abgenommen und sie zur Eingangstür begleitet. Sie hat zu mir gesagt: ‚Ich bin hinaus wie ein Verbrecher. Fehlte nur noch, dass sie mir Handschellen angelegt hätten.' Seither fällt mir diese Szene immer wieder ein, wenn ich irgendwo Papiertragetaschen liegen sehe. Man hat ihr keine Chance gegeben. Sie ist sehr krank geworden für mehr als ein halbes Jahr. Das Ganze hat sie stark erschüttert. Sie sagte, sie wusste nicht, wie ihr geschah. Eine Demütigung und Erniedrigung war das. Stellen Sie sich vor, Sie kriegen Papiertüten in die Hand gedrückt, räumen den eigenen Kram dort hinein und dann Tschüss. Auch dass da noch zwei stehen und sie beobachten, dass sie auch ja keinen Bleistift mitnimmt."*

**„Was passierte weiter mit ihr?"**

*Anja P.: „Sie suchte und bekam dann eine neue Stelle, doch sie brach nach kurzer Zeit vollständig zusammen. Sie ist in eine Rehaklinik gegangen und war dort relativ lange. Heute hat sie wieder einen Job, sie arbeitet jedoch nur noch auf Teilzeitbasis."*

**„Es gibt keinen Grund, weshalb Chefs ihre Manager oder Mitarbeiter derart behandeln, dass sie zusammenbrechen. Ich habe den Eindruck, dass viele Vorgesetzte keine Ahnung haben, welche Wirkung ihre Kommunikation auf andere hat."**

*Anja P.: „Genau. Hier ist noch ein Fall, der auch sehr tragisch war. Ein Banker, ein Europäer, den man in die Schweiz geholt hatte. Er war ziemlich verschuldet, hatte ein Haus gekauft, ein Kind in der Privatschule, zwei Kinder beim Studium im Ausland und eine Frau, die noch nie in ihrem Leben einen Tag gearbeitet hat. Da kam eine Zwangsvollstreckung nach der anderen ins Haus geflattert. Schließlich hat er einen Schuldenspezialisten hinzugezogen. Und dieser so genannte Schuldensanierer hat sich mit der Frau, als ihr Mann gerade im Ausland war, getroffen und gesagt, sie müsse jetzt sofort eine Lohnpfändung unterschreiben. Und dann hat seine Frau geantwortet: ‚Okay, das mache ich doch, wenn es hilft!' – ohne sich mit ihrem Mann abzustimmen."*

**„Hatte sie keine Ahnung, welche Konsequenzen ihr Handeln haben würde?"**

*Anja P.: „Scheinbar nicht. Als sein Arbeitgeber das erfuhr, wurde er sofort gekündigt und zwar telefonisch. Er war nie mehr in seinem Büro. Das Unternehmen bzw. sein Vorgesetzter hat nicht mit ihm gesprochen und nach einer Erklärung gefragt. Man hat ihm einfach gesagt: ‚Es ist Ihnen ja wohl bewusst, dass in Ihrem Aufgabengebiet so etwas nicht geht.' Und das nach etwa 15 Jahren im selben Konzern. Er schreibt mir hin und wieder eine SMS. Ich mache mir Sorgen, denn er ist einer von den Kandidaten, bei dem ich nicht ganz sicher bin, ob der nicht irgendwann mal selber den Stecker zieht. Nach der Kündigung fing er an zu trinken. Dann ging er in eine Klinik zu einem Alkoholentzug. Man hat ihn dort mit Ritalin abends ruhiggestellt, und zum Wachwerden morgens bekam er ein anderes Medikament, ein Psychopharmakon, das nach spätestens drei Monaten abhängig macht. Als er mir das erzählte, hatte er diesen Medikamenten-Cocktail aber schon sechs Jahre eingenommen! Ich habe ihn hier am Tisch gehabt. Er wollte etwas aufschreiben, hat aber so gezittert, dass ihm das kaum gelang. Ich habe ihn angeschaut und gefragt, ob er was getrunken hat. Er hat geantwortet, nein, er trinkt nicht mehr. Und dann hat er mir seine Geschichte erzählt. Meine Bedingung, dass ich das Coaching fortsetze, war, dass er zum Arzt geht. Das hat er dann auch getan."*

**„Konnte er seine Probleme lösen?**

*Anja P.: „Ich weiß es nicht. Mir ist nur noch bekannt, dass er mit seiner Frau und dem einen Kind in eine 3-Zimmer-Wohnung von Verwandten umgesiedelt ist, damit er durch den Hausverkauf den größten Anteil Schulden abbauen konnte. Was ich tragisch finde, ist, dass die Bank ihn fallen gelassen hat. Nach 15 Jahren für das gleiche Unternehmen haben sie keine Anstrengungen gemacht, ihm vielleicht zu helfen, das Schuldenproblem zu lösen und ihm einen anderen Aufgabenbereich zu geben oder ihn in eine ausländische Dependance zu schicken.*

*Ein weiterer Fall ist die Kündigung von einem Finanzchef, einem diplomierten Wirtschaftswissenschaftler, der jahrzehntelang für dasselbe Unternehmen tätig war. Er hat es privat nicht einfach gehabt, weil seine Frau psychisch krank war und er in den Jahren seine Kinder fast allein großgezogen hat. In dem KMU-Unternehmen fand irgendwann ein Führungswechsel statt. Das heißt, die Söhne des Gründers haben das Unternehmen übernommen. Die dachten sich: ‚Das Gehalt können wir uns sparen. Die Finanzchef-Position übernehmen wir selbst.' Und draußen war er mit 60 Jahren. Er hat keine Chance mehr gehabt im Arbeitsmarkt.*

*Das erinnert mich noch an einen anderen Fall – ein Mitglied der Geschäftsleitung, Marketing. Der Mann war sehr viele Jahre im selben Konzern und hat sehr viel geleistet. Der angebliche Grund, ihm zu kündigen, war die Restrukturierung. Es war jedoch völlig klar, dass es nur darum ging, dass der Mann zu teuer war mit 55 Jahren. Ich staune, wie kreativ Unternehmen werden, wenn es darum geht, die sogenannten teuren Leute rauszuwerfen. Ich weiß aus dem Bankenumfeld, dass Vorgesetzte die Aufgabe bekommen hatten, bewusst schlechte Mitarbeiterbeurteilungen zu schreiben. Es ist kein Geheimnis, dass ich jetzt da herausplaudere. Wer ein A im Beurteilungsgespräch bekommt, der bleibt. Wer ein B kriegt, der bleibt erst mal im Moment, und wer ein C kriegt, der wird in der nächsten Runde gekündigt. Es war offiziell der Auftrag, dass die Vorgesetzten C-Beurteilungen verteilen, damit man es in der nächsten Entlassungsrunde einfacher hat. Was ich besonders verwerflich finde, ist, dass mir zwei Leute unabhängig voneinander aus derselben Bank gesagt haben, dass das Mitarbeitergespräch von jemandem geführt wurde, der den Mitarbeiter jeweils nicht gekannt hat bzw. nie mit ihnen zusammengearbeitet hatte. Die Absicht dahinter ist klar: ,Wir brauchen so und so viele Prozent mit C Beurteilte zum Kündigen, so und so viele Prozent an B-Beurteilten, die mittelfristig in der Warteschleife für eine Kündigung sind, und so und so viele dürfen die Beurteilung A bekommen und bleiben.' Es ist verständlich, dass die Leute sich nie mehr wieder in puncto Loyalität über das normale Engagement hinaus einsetzen. Diese ABC-Ratings geben natürlich auch Raum für Mobbing, Absicherungsstrategien und so weiter.*

*Da fällt mir noch ein anderer ein, ein Wissenschaftler, ein brillanter Kopf und sehr verantwortungsbewusster Manager. Er war in einem internationalen Konzern in der Maschinenbau-Industrie tätig. Er hat sehr viel aufgebaut und auch mit Prozessoptimierungen für das Unternehmen sehr viel Geld eingespart. Dann wurde das Management gewechselt. Es wurde entschieden, nicht mehr zu investieren, sondern Gewinne abzuschöpfen, vor allem in Asien. Das wollte besagter Manager nicht mitmachen. Man versuchte ihn dazu zu zwingen und erpresste ihn nach dem Motto: ,Entweder du trägst die neue Strategie mit, oder du gehst.' Er ließ sich darauf nicht ein. Er wurde gekündigt. Heute hat er wieder einen neuen Posten. Er hat mir damals gesagt: ,Wissen Sie, ich bin jetzt das dritte Mal verheiratet und ich hoffe, dass es das letzte Mal ist. Wenn ich es mir heute überlege: Ich hatte durch den Job gar keine Chance, dass eine Ehe hält. Ich war so viel unterwegs und hatte mich wirklich eingesetzt für diese Firma.'"*

**„Er bezahlte einen hohen Preis für sein Engagement."**

*Anja P.: „Ja. Dann gibt es noch solche Fälle, wo Manager in die Schweiz transferiert werden, um sie kostengünstiger loszuwerden, da das Arbeitsrecht in der Schweiz arbeitgeberfreundlich ist. Da fallen mir gleich drei Fälle ein von drei Franzosen. Man hat jeweils die ganze Familie in die deutsch-sprachige Schweiz umziehen lassen, und dann hat man sie nach ein bis zwei Jahren gekündigt. Stellen Sie sich vor, Sie sitzen in einem fremden Land, können die Sprache nicht, kennen die Kultur nicht und sollen sich dann um einen neuen Job bewerben. Es ist fast unmöglich, dabei erfolgreich zu sein, egal, um welche Position es sich auch handelt".*

*Pause. Anja P. erinnert sich. „Hier habe ich ein Beispiel, das wird erst noch ein brisanter Fall. Es geht um einen hervorragenden Vertriebsmanager, der eine komplette Vertriebsorganisation aufgebaut hat. Er hat vier Kinder. Ihm wurde ein Vertrag angeboten – stellen Sie sich das vor – mit einem Grundgehalt von 5.000 Schweizer Franken im Monat und der Rest erfolgsabhängig. Der Erfolgsanteil wurde jeweils zu Quartalsbeginn vorausbezahlt und später dann erst abgerechnet. Er hat seine Ziele immer übertroffen und lag im Durchschnitt immer bei 220.000 Franken Jahresverdienst. Es kam, wie es kommen musste: Letztes Jahr im Herbst hatte er einen Unfall und ist seither arbeitsunfähig. Er kann heute weder in ein Auto einsteigen noch aussteigen. Er kann seinen Job als Top-Vertriebsmann, in dem er viel reisen muss, nicht mehr ausüben. Das Problem ist jetzt, dass er aber nur mit 5.000 Franken versichert ist bei der Berufsunfähigkeitsversicherung. Von diesem niedrigen Grundgehalt wird er 80 Prozent für die sechsköpfige Familie bekommen. Vier Wochen nach seinem Unfall bekam er einen Brief von seinem Arbeitgeber, dass er sofort rückzahlungspflichtig sei für die im Voraus bezahlte Erfolgsbeteiligung. Das war das Aus für seine Karriere."*

**„Die Verantwortung für sich und die eigene Familie liegt ja letztlich bei jedem Menschen selbst. Solche Dinge kann man beeinflussen."**

*Anja P.: „Ja, das ist wohl wahr. Zum Schluss habe ich noch einen Fall, der ebenfalls sehr tragisch ist. Den habe ich erst kürzlich betreut. Es ging um einen hochspezialisierten IT-Mann, der mit einem Topangebot nach Zürich geholt worden war. Er wurde auch beteiligt an dem Unternehmen. Eines Tages wollte sich ein weiterer Investor an dem Unternehmen beteiligen und hat viel Geld geboten. Sein Geschäftspartner hat ihn dann regelrecht – ich kann es nicht anders sagen – exekutiert. Er bekam einen Herzinfarkt. Das waren die körperlichen Folgen. Das war furchtbar."*

***„Und wie hat ihn der Geschäftspartner exekutiert? Was wurde gesagt oder getan?"***

*Anja P.: „Man hat gesagt, sein Spezialgebiet und sein Know-how wären auf dem Markt nicht mehr gefragt. Man hat seinen Abgang sukzessive aufgebaut und gezielt gesteuert, weil für den Geschäftspartner sehr viel Geld im Spiel war. Der Partner hat die Konten so manipuliert und beeinflusst, dass er keine Handhabe hatte. Er hat seine Karriere, seinen Einsatz und seine Loyalität mit seiner Gesundheit bezahlt. Ich habe inzwischen so viele Fälle erlebt in meiner täglichen Praxis, die reichen allein für zwei weitere Bücher zu diesem Thema. Es scheint sich in dem letztem Jahrzehnt in puncto ‚Wie geht man in Unternehmen miteinander um?' sehr viel zum Negativen verändert zu haben. Hier muss ein Bewusstseinswandel stattfinden, sonst weiß ich nicht, wo das noch enden soll."*

## 3.2 Markus K.: Ein Feigling als Chef

Markus K. *(Name geändert)*, Anfang 40, verheiratet, drei Töchter, war zwei Jahre als General Manager und Geschäftsführer in einem internationalen Konsumgüter-Unternehmen in Deutschland tätig. Er wurde ohne Vorwarnung gekündigt. Wir treffen uns auf einer Messe in Frankfurt.

***„Es freut mich, dass Sie sich die Zeit nehmen. Was ist Ihnen damals passiert?"***

*Markus K.: „Mit einer Kündigung kann ich als Geschäftsführer nach zwei Jahren Tätigkeit leben. Ich erwarte nur, dass es richtig und professionell von meinem Vorgesetzten gemacht wird, erst recht erwarte ich das von einem Europa-Chef! Zu meiner größten Überraschung kam die Kündigung, obwohl ich mir zahlenmäßig, also bezogen auf Umsatz-und Profitziele, nichts hatte zuschulden kommen lassen. Im Gegenteil. Ich hatte den Umsatzrückgang stabilisiert und das Unterneh-*

*men auf Break-even gebracht. An dem Tag, als die Quartalszahlen rauskamen, wurde mir dann gekündigt. Wie gesagt, es konnte an den Zahlen nicht liegen."*

*Und weiter: „Um das Unternehmen aus der Verlustzone herauszubringen, haben wir uns über das übliche Maß sehr weit engagiert. Tage von 5 Uhr morgens bis nachts um 23 Uhr waren hier keine Seltenheit. Ich habe nicht nur viel Zeit in das Unternehmen investiert, sondern auch sehr viel Herzblut hineingesteckt und mich in extremem Maße eben auch damit identifiziert."*

**„Wie lief die Kündigung ab?"**

*Markus K.: „Den Tag der Kündigung werde ich nie vergessen. Ein Montagmittag gegen 12 Uhr. Da kam der Manager, der für einen Teil Europas verantwortlich war, in mein Büro und schloss hinter sich die Tür. In dem Moment, als er das tat, wusste ich sofort, was mich erwarten würde. Er sagte: ‚Markus, ich glaube, wir können nicht mehr zusammen. Ich glaube, das macht keinen Sinn.' Im nächsten Moment schob er ein Papier zu mir rüber mit den Worten: ‚... und wenn du das da dann bitte unterschreibst.' Das da war das Kündigungsschreiben, das er mir in Überrumpelungstaktik unter die Nase hielt und das beim ersten Durchsehen auch noch falsche Informationen enthielt."*

*Pause. Markus weiter: „Es war in höchstem Maße unprofessionell, wie ich hier behandelt worden bin, denn niemand hatte vorher offenbar meinen Vertrag gelesen, weder der Europa-Chef noch die Personalabteilung, geschweige denn, dass sich jemand auf ein solch schwieriges Gespräch vorbereitet hatte. Ich wurde richtig wütend."*

**„Und dann? Wie haben Sie reagiert?"**

*Markus K.: „Dann kam die nächste Frechheit meines Chefs, die an Unprofessionalität nicht zu überbieten war. Er fragte mich allen Ernstes: ‚Und wie machen wir es jetzt mit der Kommunikation?' Er hatte keine Ahnung, keine Idee, keinen Plan – rein gar nichts. Ein echtes Armutszeugnis von ihm."*

*Markus schüttelt den Kopf, als er mir davon erzählt. Selbst heute noch nach so vielen Jahren hat er sich nicht wirklich damit abfinden können. Seine Empörung ist immer noch groß.*

*Markus K.: „Eine Kündigung ist für beide Seiten ein sehr schwieriges Unterfangen. Ein Vorgesetzter, der kündigen muss oder soll, muss einfach wissen, was er zu tun hat. Das Schlimmste bei einer Kündigung sind ja sofort die Fragen, die man sich als Gekündigter stellt: ‚Hätte ich etwas anders machen können? Hätte ich etwas besser machen können? Was habe ich falsch gemacht?' Die schwierigste Erfahrung ist eigentlich die, dass nach alledem, was an so einem Tag passiert, man abends die Botschaft seiner Familie überbringen darf. Dann fangen die wahren Sorgen in Sachen Existenz und Zukunft an. Das ist einfach das schrecklichste Gefühl gewesen. Dieses Erlebnis steckt einem tief in den Knochen über eine doch recht lange Zeit. Es entsteht eine Angst, dass einem das Gleiche wieder passieren kann, auch wenn man direkt danach wieder in einem neuen Job arbeitet. Wenn man schon einmal vor dem Aus seiner beruflichen Existenz gestanden hat und nicht mehr wusste, wie es weitergeht, ist die Angst am größten, dass es wieder passieren kann. Denn den wahren Grund für den Rausschmiss hat man nicht genannt bekommen. Es gibt also nichts, auf das man sich einstellen könnte. Also schaute ich, dass ich in dem Job, der danach kam, die Dinge so regelte und managte, dass ich einer solchen Gefahr nicht mehr so extrem ausgesetzt sein würde. Die Erfahrung einer Kündigung hat eine – ich sage mal – über alle Maßen engagierte und absichernde Arbeitsauffassung zur Folge, die dann aber auch nicht mehr gesund ist."*

**„Wie kann sich das äußern bzw. wie ändert sich das Verhalten entsprechend?"**

*Markus K.: „Ich habe danach seltsame Dinge getan. Als zum Beispiel meine jüngste Tochter zur Welt kam, war ich bei der Geburt dabei, habe mich aber dann direkt danach ins Auto gesetzt und bin von Ulm nach Wien zu einem anderen Unternehmen gefahren, um dort eine Sonderprojektbetreuung zu starten. Alles aus der Angst und der Sorge heraus, eben wieder gekündigt zu werden. Statt mich um meine Frau und unsere Kinder zu kümmern, habe ich noch intensiver, vielleicht sogar verbissener weitergearbeitet. So viel wie es nur ging und ausschließlich aus der Existenzangst heraus."*

**„Wie ging es nach der Kündigung weiter?"**

*Markus K.: „Die Kündigung selbst war an sich schon ein Albtraum, wie bereits erzählt. Nicht nur die Ankündigung an sich war eine Unverschämtheit und an Unfähigkeit nicht zu überbieten, die fehlenden Kommunikationsstrategien intern und extern sowieso. Doch das, was wirklich unglaublich war, war, dass die Kündigung rechtlich nicht gültig war. Eine falsche Kündigungsfrist war eingetragen worden, eine andere als ursprünglich in meinem Arbeitsvertrag verabredet worden war. Das hieß mit anderen Worten, es hat sich niemand, weder die Personalabteilung noch mein Ex-Chef, mit den vertraglichen Details beschäftigt. Da gehört schon eine Portion Arroganz dazu, sich über die Dinge zu stellen und nach freien Stücken allmächtig richten zu wollen. Man versuchte mich als Geschäftsführer mit einer zweimonatigen Kündigungsfrist vor die Tür zu setzen und das bei dem extremen Engagement, das ich geleistet hatte. Es war für mich eine bodenlose Unverschämtheit, Arroganz und Unverfrorenheit, sich von mir mal eben locker und möglichst billig trennen zu wollen. Es ging dabei nicht um das Können, sondern ganz klar um das Wollen. Das zeigt sehr deutlich die unzureichende fachliche und menschliche Kompetenz der an diesem Prozess beteiligten Personen. Hier habe ich sicherlich hoch gepokert – doch das war mir in der Situation vollkommen egal. Ich hätte mich aus rechtlicher Sicht weigern können, diese Kündigung anzunehmen, habe jedoch stattdessen den Spieß im Gespräch umgedreht."*

***„Und wie wurde dann die Frage der Kommunikation – nach innen und außen – geregelt?"***

*Markus K.: „Auf die Frage meines Ex-Chefs: ‚Und wie machen wir es jetzt mit der Kommunikation?', habe ich geantwortet: ‚Ganz einfach! Das hängt davon ab, wie wir uns jetzt vertraglich einigen werden. Es gibt zwei Varianten: entweder machen wir das anständig, oder es gibt Feuer von mir und ich werde alles daran setzen, dass der Übergang zu meinem Nachfolger so schwierig und steinig wie nur möglich wird. Die engsten Partner im Vertrieb werde ich ebenfalls über die Verfahrensweisen in diesem Unternehmen unter Verweis auf die Firmenleitsätze informieren.' Daraufhin er: ‚Was meinst du mit anständig?' Ich: ‚Ihr zahlt mir mein Gehalt bis Ende des Jahres, also 9 Monate weiter, stellt mich sofort frei. Ich kommuniziere meinen Weggang selbst an meine Mitarbeiter und die Vertriebspartner. Du machst keine Ankündigung für mich, sondern ich werde selbst meine Mitarbeiter informieren und es kurz erklären.' Daraufhin antwortete er: ‚Das muss ich erst mal besprechen', und ging. Er ließ mich drei Stunden lang in meinem Büro sitzen und warten, ich konnte nichts tun. Tausend Gedanken schwirrten durch meinen Kopf: War das ein schlechter Traum? Was passiert jetzt? Welche Unverschämtheit! Wer steckt wirklich dahinter? Was sind die wirklichen Gründe? Wie geht es weiter? Wie sage ich es den Mitarbeitern und Vertriebspartnern? Wie verdiene ich in Zukunft Geld? Was für ein grandioses Geburtstagsgeschenk für meine Tochter! ..."*

**„Wie ging es weiter?“**

*Markus K.: „Um 15 Uhr schließlich kam die Personalmanagerin in mein Büro – nicht mal mein Chef selbst. Sie offenbarte mir ein Abfindungsangebot, welches hieß: monatliche Gehaltszahlung bis Oktober, also nur 7 Monate, mehr nicht. Meine Antwort war Nein! Ich schlug vor, dass wir uns auf einen Kompromiss einigen, was hieß, Bezahlung bis November statt Dezember. Daraufhin verschwand die Personalmanagerin wieder, um nach zehn Minuten zurückzukehren mit dem Einverständnis des Europa-Chefs. Die Freistellung erfolgte sofort. Die Kommunikation an die Mitarbeiter in einem separat einberufenen Meeting und mit den wichtigsten Vertriebspartnern führte ich selbst durch. Das Ganze wurde vertraglich fixiert. Ich unterschrieb noch an dem Nachmittag, verließ um 16 Uhr das Büro und fuhr nach Hause.“*

**„Sie haben die Nerven behalten und gut verhandelt!“**

*Markus K.: „Ja, weil ich wütend war. Man muss die Suppe dann essen, wenn sie noch heiß ist. Das heißt: sofort. Später gibt es kaum mehr Verhandlungsspielraum. Dieses verbale Rauswurf-Kräftemessen erinnert an einen orientalischen Bazar. Ich fragte die Personalmanagerin noch: ‚Sag‘ mal, kriegst du extra Provision dafür, dass du hier jetzt um jeden Monat Gehalt feilschst mit mir oder was soll das Ganze?‘ – Feilschen muss man in solchen Situationen können, und am Ende des Tages gewinnt der, der die besseren Nerven behält und sofort handelt. In diesem Fall war ich das. Hierauf bin ich aber nicht besonders stolz. Ich habe nur das eingefordert, was mir nach zwei Jahren 150 %-igem Engagement zustand.“*

**„Wie haben Sie sich innerlich gefühlt an dem Tag, als Ihnen gekündigt wurde?“**

*Markus K.: „Ich war zutiefst enttäuscht. Ich war zutiefst enttäuscht darüber, dass jemand, der zu schwach ist, starke Menschen zu führen, einfach so sagt: ‚Wir können nicht mehr miteinander‘ – und dann noch ohne Angabe von Gründen. Als ich dann später noch gehört habe, wen er als meinen Nachfolger eingesetzt hat, konnte ich nur sagen: Das war so eine spontane, emotionale Rausschmiss-Entscheidung von ihm gewesen, die noch nicht mal im Vorfeld geplant war. Man muss sich vorstellen, dass ich drei Monate zuvor die prozentual höchst mögliche Gehaltserhöhung für das gesamte Jahr erhalten hatte als Anerkennung für meine Leistung. So unzufrieden war man doch offensichtlich nicht mit mir.“*

**„Hat dieses einschneidende Erlebnis Ihre Einstellung zu Kündigungen und, wie man mit Menschen in diesen Situationen angemessen umgeht, geändert?“**

*Markus K.: „Ja, natürlich. Heute weiß ich, was es heißt, wenn einem gekündigt wird. Deshalb kündige ich heute anders, wenn ich es tun muss. Ich habe keine Probleme, inkompetente, faule oder sich illoyal verhaltende Mitarbeiter hinauszuwerfen, da ich als Geschäftsführer und General Manager eben die Verantwortung für das Ganze tragen muss und damit die Jobs für alle Mitarbeiter sichern muss und will. Ich darf wegen solcher Mitarbeiter nicht das Wohl des ganzen Unternehmens und die Beschäftigungsverhältnisse der anderen Mitarbeiter in Frage stellen oder gar riskieren.“*

**„Und wie sieht es mit der eigenen Kündigung aus?“**

*Markus K.: „Ich wünsche mir natürlich nach wie vor, dass ich irgendwann mal den wahren Grund erfahre, warum ich rausgeworfen worden bin. An den Zahlen hat es jedenfalls nicht gelegen. Ich habe den gesamten Restrukturierungsprozess durchgeführt, die ganze Drecksarbeit erledigt, musste Mitarbeitern kündigen, Lager auflösen usw. und war so in der Lage, das Unternehmen aus der Verlustzone heraus zu einem neutralen Ergebnis zu führen. Ich habe teilweise Nächte durchgearbeitet. Diese zwei Jahre waren geprägt von vollstem Einsatz einschließlich einer Vielzahl von Wochenenden. Wie zu Beginn gesagt, mein Herzblut steckte in der Firma. Der Kündigungsgrund wurde mir in keiner Form, in keiner Weise erklärt oder dargelegt. Und das ist für mich das größte Problem. Man kann nicht nachvollziehen, warum man auf der Straße sitzt und alles über einem so kurzfristig zusammengebrochen ist. Das fühlt sich an wie eine Urteilsspruch ohne Verhandlung.“*

**„Und wie haben Sie diese Niederlage verkraften bzw. überwinden können?“**

*Markus K.: „Was mir geholfen hat, war ein Outplacement-Coaching kurz nach der Kündigung. Die Gespräche dort haben mir sehr geholfen, eben meinen Gefühlen zumindest ein bisschen Ausdruck zu verleihen. Ich gehöre aber auch zu den Menschen, die nach vorne schauen und sich nicht lange Gedanken über Frust, Enttäuschung und Versagensgefühle machen. Weiterhin half mir, dass sehr schnell neue Jobangebote ins Haus flatterten von Personalberatern. Insgesamt vier in sehr kurzer Zeit. So hatte ich schon drei Monate nach meiner Kündigung bereits einen neuen Job als CEO eines anderen Unternehmens in der Schweiz.“*

**„Das hört sich nach einem Happy End an. Wie ist es weitergegangen?"**

*Markus K.: „Ich gestehe, dass es ein absoluter Fehler war, so kurz danach, drei Monate nach der Kündigung, wieder einen neuen Job zu beginnen. Ich hatte den Rauswurf bzw. den Schock darüber noch gar nicht verarbeitet und stürzte mich wieder in die Arbeit. So ereilte mich nach neun Monaten ein Zusammenbruch. Ich habe damals den neuen Job dann selbst gekündigt, trotz meiner großen Existenzängste und meiner finanziellen Sorgen. Die Entscheidung ist mir schwergefallen, doch ich bekannte mich wenigstens zu mir selbst. Diese neue Firma war nicht meine Welt. Ich fühlte mich sehr unwohl und egal, wie es weitergehen sollte, ich musste aufhören. Ich brauchte definitiv eine Pause, weil nichts mehr ging. Nur zu gut kann ich mich an ein Mittagessen mit meiner Frau erinnern, bei dem ich mit ihr über die Entscheidung dort wegzugehen gesprochen hatte. Ich wusste ihren Kommentar, dass sie alle Konsequenzen mittragen würde, sehr zu schätzen."*

**„Würden Sie hinsichtlich Ihrer Karriere, rückblickend betrachtet, einiges anders machen?"**

*Markus K.: „Ich habe aus meinen Fehlern gelernt. Es waren wirkliche Fehler. Es waren Lektionen, die ich zu lernen hatte und die mir geholfen haben, mich weiterzuentwickeln. Meine größte Lektion zu lernen war es, nicht mehr zu arbeiten bis zum Umfallen und sich auch vor allen Dingen zwischen zwei Jobs eine längere Pause zu gönnen, soweit das möglich ist. Wenn es möglich ist, wäre eine Auszeit von sechs Monaten gut."*

**„Weshalb?"**

*Markus K.: „Die Kräfte lassen nach in solchen Top-Jobs. Wenn man sich nicht genügend Pausen einräumt, vor allem mit solchen 80+ Stunden-Knochenjobs und vielleicht nur einmal zwei Wochen Urlaub im Jahr, muss man auf sich aufpassen. Und die dritte Lektion, die ich daraus gelernt habe und die für mich die wichtigste ist, ist auf das eigene Bauchgefühl zu hören. Immer und unbedingt. Ich gestehe, dass ich bei allen schnellen Jobwechseln zu früh zugesagt hatte, ohne überhaupt auf mein Bauchgefühl zu achten. Aus Existenzangst heraus trifft man keine guten Entscheidungen. Also habe ich Jobs angenommen, die ich eigentlich nicht hätte annehmen sollen. Verständlich bei der finanziellen Verpflichtung für ein Haus und eine fünfköpfige Familie, die es zu ernähren gilt. Der Preis, den ich gezahlt habe, war die Kündigung. Wenn mein Bauchgefühl heute Nein sagt, dann folge ich dem Gefühl unbedingt und sage die jeweiligen Projekte ab."*

**„Sie haben viel gelernt aus dieser Kündigung."**

*Markus K.: „Ja. Ich wurde mir auch bewusst, mich finanziell nicht mehr unter Druck zu setzen oder setzen zu lassen, meinen finanziellen Aufwand in Grenzen zu halten und mich so zu sortieren, dass alles Überflüssige weggeht bzw. verkauft wird. Das eigene Leben muss so ausgerichtet sein, dass man nicht auf ein hohes Einkommen angewiesen ist. So erziehe ich auch meine Kinder, damit sie glücklich werden. Die größte Herausforderung ist es, das alles seiner Familie erklären zu müssen. Und zu den plötzlichen Existenzsorgen kommt dann noch das eigene Urteil, die eigene Verurteilung, dazu ‚Ich werde nicht gebraucht'. Das tut am meisten weh."*

**„Was hat sich noch zum Positiven verändert?"**

*Markus K.: „Mein Mitgefühl für Menschen, für Mitarbeiter und deren Belange ist heute wesentlich größer als vor dem Tag X. Ich kann mich generell viel besser in andere hineinversetzen und begreifen, wie sich mein Gegenüber fühlt. Vor allem, was eine Kündigung in deren Leben auslöst. Was es bedeutet, wenn die betreffende Person nach Hause kommt und sagen muss, dass sie auf die Straße gesetzt wurde. Was es für die Kinder des Mitarbeiters oder Managers bedeutet, wenn sie nach dem Job des Vaters gefragt werden und sie erzählen müssen, dass er arbeitslos ist. Diese Häme, die die Kinder in der Schule ertragen müssen, ist auch für Eltern schwer zu verkraften. Ich bin außerdem dankbar, dass ich heute einen ganz anderen Zugang zu mir selbst gefunden habe. Ich würde mich heute jedenfalls, wenn ich noch mal von vorne anfangen könnte, sofort nach dem Studium selbstständig machen."*

**„Was würden Sie Menschen empfehlen, die mit einer ähnlichen persönlichen Katastrophe fertig werden müssen?"**

*Markus K.: „Es ist wirklich wichtig und dringend, offen zu sein für externe Hilfe, und das sofort. Nicht das Geschehene mit sich selbst auszumachen, sondern mit anderen zu sprechen, sich professionelle Hilfe zu holen."*

*Pause. Markus spricht weiter: „Ich würde jedem empfehlen, dem gekündigt worden ist, sofort zu einem Coach zu gehen oder zu einem Therapeuten. Sprechen ist wichtig. Sprechen beschleunigt den Abnabelungs- und Verarbeitungsprozess, um emotional und mental wieder aus der Situation herauszukommen. Danach ist man wieder frei, kann positiv denken, handeln und nach vorne schauen. Und das ist für alle direkt und indirekt Beteiligten das Beste. Und noch etwas ... ich würde nie schlecht über die Firma reden, aus der ich herausgeworfen worden bin. Dazu habe ich keine Veranlassung. Ich habe der Firma viel zu verdanken: Karriere, Geld, Reisen, tolle Begegnungen, tolle Menschen. Ich erzähle diese Kündigungsgeschichte, weil es mir um Aufklärung geht. Es kündigt nicht die Firma, sondern es kündigt immer ein Mensch oder, besser gesagt, zwei Menschen: der Vorgesetzte zusammen mit dem Personalmanager. Hier ist dringender Nachholbedarf an Know-how, richtiger Kommunikation und angemessenem Verhalten geboten, um diese schwierigste Aufgabe im Management professionell zu beherrschen."*

Seit Mai 2009 ist Markus K. selbstständig als Unternehmensberater. Er gründete erfolgreich sein eigenes Unternehmen mit Niederlassungen in Deutschland, in der Schweiz und den Niederlanden.

## 3.3 Peter M.: Neue Besen kehren nicht immer gut

Peter M. *(Name geändert)*, Ende 30, verheiratet, zwei Kinder, aus Deutschland stammend war er als General Manager und Geschäftsführer für ein Textilunternehmen in Italien tätig. Wir treffen uns in einem Restaurant in Zürich.

***„Es freut mich, dass Sie sich die Zeit nehmen. Wie beginnt Ihre Geschichte?"***

*Peter M.: „Der Tag X kam nach viereinhalb Jahren und begann mit einem Gespräch, um die Verlängerung meines Arbeitsvertrags zu diskutieren. Die Teilnehmer waren der Personalchef und der kürzlich neu eingestellte Verkaufsleiter für Europa. Zu meiner Überraschung wurde mir in diesem Meeting mitgeteilt, dass mein Vertrag als General Manager nicht weiter verlängert werden würde – einfach ohne Angaben von Gründen. Man schlug mir stattdessen vor, mich nach Deutschland zu schicken, um in der dortigen Tochtergesellschaft als Marketing Manager einer spezifischen Marke tätig zu sein. Das entsprach einer eklatanten*

*Herabstufung meiner Position, meiner Verantwortung und des Aufgabenbereichs im Vergleich zu meinen Geschäftsführungsaufgaben. Ich bat mir zwei Wochen Bedenkzeit aus und entschied dann, dass ich unbedingt mit meiner Familie in Italien bleiben wollte. Erstens hatte ich bereits eine hervorragende Reputation bei den Kunden und Lieferanten aufgebaut, und zweitens hatte sich meine Familie inzwischen sehr gut eingelebt; die Kinder fühlten sich wohl in der Schule, waren akzeptiert. Ich wollte die Entwurzelung meiner Kinder in Kombination mit den Problemen, wenn sie in einer neuen Schule eingeschult werden müssten, vermeiden. Und natürlich ... aus dem lieb gewonnenen Haus ausziehen und eine neue Heimat finden – das wollten wir unter keinen Umständen."*

Peter M. weiter: *„In den zwei Wochen Bedenkzeit kommunizierte ich sehr oft mit den verantwortlichen Personen und dem neuen CEO. Ich begründete, weshalb es sinnvoll für das Unternehmen wäre, mich weiterhin in dem Land angestellt zu belassen. Darauf wurde jedoch nicht reagiert. Zwei Wochen später fand das nächste Meeting in der ursprünglichen Runde statt. Wieder ohne befriedigendes Ergebnis. Ich schaltete einen Anwalt ein. Er nahm dann direkten Kontakt mit dem Personalchef auf."*

**„Weshalb haben Sie einen Rechtsanwalt eingeschaltet?"**

Peter M.: *„Ich habe einen Anwalt beauftragt, weil man mir plötzlich sogenannte ‚Performance Issues', also mangelnde Leistung, vorwarf. Das war schlicht gelogen, denn meine Beurteilungen und Zahlen waren immer positiv gewesen. Ich wollte mir als Manager nichts nachsagen lassen. Alle wesentlichen Kriterien waren von mir erfüllt. Die Firma, die ich als Geschäftsführer führte, prosperierte. An den Zahlen hat es also nicht gelegen. Weitere vier Wochen nach diesem Gespräch wurde mir dann durch den Personalchef gekündigt – ohne Angabe von Gründen und mit dem Kommentar, dass ein Nachfolger für mich bereits gefunden worden sei. Ich war geschockt und sprachlos. Damit hatte ich wirklich nicht gerechnet. Es stank zum Himmel, was die da im Hinterzimmer ausgeheckt hatten. Jedenfalls wollte ich mich selbst und meine Familie nicht einfach auf Befehl und ohne Diskussion wie ein Stück Vieh herumschieben lassen, noch dazu von einem Land ins nächste. Es stellte sich übrigens heraus, dass die neuen Manager, der neue CEO und ein neuer Verkaufsleiter, die Kündigungen von den General Managern aller kleineren Länder pushten wegen radikaler Kostenreduktionsmaßnahmen. Der CEO Europa war extrem unter Druck, so dass man sich dann überlegte,* *einige Länder in der Führung zusammenzulegen und sich so eben die Gehälter von den Geschäftsführern einzusparen. Blinder Aktionismus und kurzfristige Planung waren das. Es wurden Bauernopfer gesucht. Deshalb mussten ich und einige GM-Kollegen gehen.*

*Weltweit die Kosten für Manager, die im Ausland arbeiten, reduzieren zu wollen, hätte ich als Begründung für die Versetzung nach Deutschland akzeptieren können, doch darüber wurde nicht geredet. Ich komme selbst aus einer Unternehmerfamilie und kann Kostenentscheidungen für das Gesamtwohl eines Unternehmens sehr wohl nachvollziehen. Ich habe einfach nicht akzeptiert, dass diese beiden Neulinge versucht haben, mir schlechte Leistung in die Schuhe zu schieben."*

**„Wie geschah in dem Meeting, in dem man Ihnen zum ersten Mal sagte, dass Sie versetzt werden sollten?"**

*Peter M.: „Bei dem Meeting waren die Personalleitung und der neue Verkaufschef Europa anwesend. Es fand im Büro des CEO statt – allerdings ohne den CEO selbst. Die Sekretärin hatte einen Lunch vorbereitet. Das lief eigentlich so ab, dass die beiden Manager sich die Sandwiches reinstopften und zu mir nur sagten: ‚It will have an end, you will go to Germany in two months. The decision has been taken. The assessment is final!' (Übersetzung: Es wird ein Ende haben. Sie werden nach Deutschland gehen. Die Entscheidung ist gefallen. Die Beurteilung ist endgültig.) Mit diesen Sätzen brach für mich eine Welt zusammen. Ich war emotional getroffen, habe mir aber natürlich nach außen nichts anmerken lassen. Das Ungeheuerliche, was dann passierte, setzte dem Ganzen die Krone auf: Plötzlich kam der CEO in das Büro hinein, schüttelte mir die Hand, ohne ein Wort zu sagen, nahm sich ein Sandwich und ging wieder raus. Noch nicht mal ‚Guten Tag' hat er gesagt. Ich dachte: ‚Was war das denn gerade?' ... und wurde stocksauer. Keine Wertschätzung, keine Empathie – das hatte ich nicht erwartet. Stellen Sie sich vor, dieser Typ hat noch nicht einmal die Größe gehabt, seine Sekretärin zu schicken, um sich das Sandwich holen zu lassen oder es sich selbst vor dem Meeting zu holen, oder sich zu sagen: ‚Ich kann da jetzt gar nicht stören.' Er ist völlig gleichgültig gewesen. Er hat keinerlei Gedanken daran verschwendet, wie es mir gehen könnte, gar keine. Auch später hat er kein einziges Wort an mich gerichtet."*

**„Was passierte dann?"**

*Peter M.: „Ich lehnte dieses Angebot ab. Die schriftliche Kündigung kam dann zwei Wochen später – auch ohne begleitende Worte. Sie war zudem noch falsch, da sie auf den falschen Monat ausgestellt war. Ich fragte mich natürlich: ‚Wie gehen die eigentlich mit einem um?' So viel zur Professionalität. Eine Kommunikation nach innen und außen gab es auch danach nicht. Ich bin nach der Kündigung weitere vier Wochen meiner Tätigkeit im Unternehmen nachgegangen und arbeitete offiziell ‚normal' weiter – auch gegenüber den Lieferanten und den Kunden. Keiner sollte Bescheid wissen. Soweit es eben möglich war, wurde ‚business as usual' gespielt. Ich musste so tun, als ob alles in Ordnung sei. Natürlich haben meine Mitarbeiter gespürt, dass etwas nicht stimmt und fingen an, Fragen zu stellen. Ich konnte jedoch nichts sagen. Für mich war die Situation einfach unerträglich, die Qualität aufrecht zu erhalten, mit der ich meinen Job machte, und gleichzeitig ein Pokerface zu bewahren und so zu tun, als wäre nichts passiert. Ich habe die letzten viereinhalb Jahre extrem viel gearbeitet, um den Turn-around in dieser Unternehmung durchzuführen, die Stabilität und Zufriedenheit bei den Kunden herzustellen. Sogar zur Presse hatte ich ein exzellentes Verhältnis. Es war schön zu sehen, dass selbst der Chefredakteur eines bekannten Magazins im Editorial sozusagen eine Art Nachruf auf mich schrieb und mit Bedauern meinen Weggang kommentierte. Aber diese Verdienste und Anerkennungen zählten nicht bei dem neuen CEO und dem neuen Verkaufsleiter. Mir hat es aber gut getan und mich letztendlich in dem bestätigt, was ich getan habe. Meine erste emotionale Reaktion kam dann im Hotel abends nach diesem ominösen Meeting. Ich bin wirklich sehr wütend geworden und habe mich in einer Opferrolle gefühlt, bin eben auch nichtsahnend in das Risiko gegangen, dass ich möglicherweise gefeuert werden könnte. Das Risiko war mir nicht klar. Ich hatte mich sicher gefühlt, weil meine Leistung als Geschäftsführer hervorragend war. Die offizielle Information über die Kündigung hat dann auch viele Mitarbeiter und Kollegen überrascht. Man sah dadurch die im Unternehmen herrschende Strategie ‚hire & fire' mal wieder bestätigt, was einen hohen Vertrauensverlust zur Folge hatte, intern wie extern. Was ich bedauere ist, dass ich mich nie von meinen wichtigsten Kunden verabschieden konnte, was ich gerne per Brief gemacht hätte. Das wurde mir jedoch nicht gestattet. Ich wurde für sechs Monate freigestellt. Mein Firmenwagen wurde mir natürlich weggenommen. Eine Outplacement-Beratung bzw. Coaching wurde extra angeboten. Die Agentur konnte ich mir selber aussuchen."*

**„Und was haben Sie in der Freistellungszeit gemacht?"**

*Peter M.: „Wir, meine Frau und ich, sind mit den Kindern für vier Wochen in die USA gereist, um Abstand zu bekommen. Es war auch genau die richtige Entscheidung, das zu tun, sprich: mehr Zeit mit meiner Familie zu verbringen. Denn wir hatten uns inzwischen auch schon sehr stark auseinandergelebt. Und meine Frau sagte mir damals dann: ‚Wenn das so weitergegangen wäre, hätte ich mich von dir getrennt.' Also insofern hatte diese Kündigung eben auch etwas Gutes. Sie hat letztlich unsere Ehe gerettet. Wir sind als Familie wieder zusammengewachsen. Als wir nach vier Wochen zurückkamen, war ich entsprechend wieder positiv motiviert und guter Dinge, und habe erst dann auch meinen Freundes- und Bekanntenkreis informiert, dass ich eine neue verantwortungsvolle Aufgabe suche. Ich habe nach unserer Rückkehr sofort mit der Outplacement-Beratung begonnen, und es sind zudem sehr schnell gleich drei neue Jobangebote gekommen. Ich bin ein Mensch, der sich von so einer Situation nicht so schnell unterkriegen lässt. Ich bin ein absoluter Optimist und schaue immer nach vorne. Dieser Grundoptimismus ist eine meiner Charakterstärken."*

**„Mussten Sie selbst in Ihren Funktionen ebenfalls Mitarbeiter kündigen?"**

*Peter M.: „Ja, selbstverständlich. Als Manager mit Führungsverantwortung kommt man um diese Aufgabe nicht herum. Das ist leider so. Eine Kündigung auszusprechen, ist immer stressbeladen und sehr schwierig. Das weiß ich selbst. Daher ist es auch wichtig, alles immer auch umfassend und intensiv vorzubereiten. Daher habe ich eben auch meine Manager bei Kündigungsgesprächen fachlich und persönlich unterstützt, vor allem, wenn es für diese das erste Mal war. Ich sehe es als meine Aufgabe als Geschäftsführer an, Führungskräfte in dieser wichtigen Aufgabe zu trainieren und vorzubereiten. So hatte ich mich in einem Fall mit dem verantwortlichen Manager zusammengesetzt und ein Assessment über den Kandidaten, den es zu verabschieden galt, besprochen. Dann haben wir im Vorfeld, bevor der Kandidat wusste, was passieren würde, dafür gesorgt, dass er direkt im Anschluss einen neuen Job bekommen würde. Er konnte bei einem meiner Kunden, einem Händler, sofort in einer neuen Position mit veränderter Aufgabenstellung beginnen. Es ist wichtig, dass ein Netz für den Gekündigten aufgespannt wird, dass ein nahtloser Übergang ermöglicht wird. Die Begründung für die Kündigung war, dass wir seinen Aufgabenbereich einem Mitarbeiter mit einer höheren Seniorität mit in die Verantwortung geben wollen. Natürlich war es für den Kandidaten emotional ein Schock und auch ein Einschnitt in seinem Leben. Doch er brauchte sich um seine Existenz und finanzielle Zukunft keine Sorgen zu machen. Das war zunächst das Wichtigste. Durch die Jobalternative, die wir gleichzeitig in dem Gespräch anboten, wurde alles eben sehr gut abgefedert. Wir haben uns um ihn gekümmert und es für ihn so erträglich wie möglich gestaltet. Ich bin sicher, da haben wir einen guten Job gemacht. Solche Aufgaben kann man eben auch nicht delegieren, sondern das muss man mit den verantwortlichen Managern zusammen durchführen."*

**„Wie bereiten Sie sich auf ein Kündigungsgespräch vor?"**

*Peter M.: „Es gibt verschiedene Gründe, warum man kündigen muss. Wenn es zum Beispiel um Restrukturierungen geht oder Kosteneinsparungsprogramme, also um unternehmensbezogene Gründe, die mit der direkten Leistung des Mitarbeiters oder Managers nichts zu tun haben, ist es einfach wichtig, sich detailliert auf die Auswahl der Personen, denen gekündigt wird, vorzubereiten. Man muss explizite Kriterien und Gründe nennen und natürlich den Personen auch den betrieblichen Kontext herstellen und klarmachen, damit der Mitarbeiter diese Entscheidung nachvollziehen kann. Vor allem muss man deutlich machen, dass es mit seiner Leistung nichts zu tun hat.*

*Der zweite wichtige Punkt ist, dass man recherchieren muss, welches die persönlichen Lebensumstände der Person sind. Sie müssen wissen, wie das familiäre Umfeld ist, die Ausbildung, die bisherige Karriere, die Gesundheit und so weiter. Das muss alles von der Personalabteilung zusammengestellt werden. Man muss detailliert über die Person Informationen einholen – nicht etwa, um die eigene Entscheidung zu verändern, sondern damit man sich über die Umstände und die Folgen – vor allem die Komplikationen – im Klaren ist, die eine solche Kündigung auslösen wird.*

*Drittens ist es wichtig, dass man dem Mitarbeiter zeigt, dass es einem selbst persönlich nahegeht und dass man Wertschätzung bzw. Anerkennung für die erbrachte Leistung gibt. Das hilft dem Betroffenen. Er fühlt sich so nicht einfach abserviert, fallen gelassen und in die Ecke gestellt, wie es mir ergangen ist. Die Manager, die mir kündigten, zeigten keinerlei Emotionen. Alles war sehr kalt – auf Kühlschranktemperatur. Ich dagegen habe mir als Geschäftsführer das ganze Jahr Notizen über Mitarbeiter oder Manager gemacht und meine Eindrücke je-*

*weils in einem Leistungsgespräch geklärt – mehrfach und nicht nur einmal im Jahr. Falls sich diese Punkte nicht über das Jahr hinweg verändert bzw. verbessert haben, dann habe ich die Konsequenzen aufgezeigt und dann eben auch eines Tages den Schritt gemacht. Meine Mitarbeiter wussten eigentlich immer Bescheid, wo sie standen. Das hätte ich mir auch für mich gewünscht. Wenn es tatsächlich Performance Issues bei mir gewesen wären, dann hätte ich gerne gewusst, wieso und weshalb, statt mir ohne nachvollziehbare Gründe zu kündigen. Die Implementierung einer wirklich genauen und realen Feedback-Kultur ist einfach ein sehr wichtiges Führungsinstrument, was intensiv gelebt werden muss und nicht als lästige Pflicht abgetan werden sollte. Am Ende des Tages geht es ja um Menschen, die einem gegenübersitzen und deren Leben sich drastisch verändern wird durch eine Kündigung. Viele Führungskräfte trauen sich halt auch nicht, sich bewusst mit der Problematik der betreffenden Person auseinanderzusetzen oder sie haben keine Zeit oder zu viel Stress. Ein anderer Grund, weshalb viele kein Feedback geben, ist, dass sie Angst haben, die betreffende Person könnte dann sauer werden und irgendetwas Unberechenbares machen. Deswegen ist es so wichtig, eine transparente, wertschätzende Feedback-Kultur aufzubauen, was bedeutet, gut vorbereitet zu sein und nachvollziehbar zu erklären. Ein anderer Punkt ist, dass es notwendig ist, den gekündigten Mitarbeiter auch anständig zu verabschieden, das heißt eine anständige, respektvolle Kommunikation innerhalb und außerhalb des Unternehmens zu gewährleisten – egal was vorgefallen ist. Eine Kündigung respektvoll, würdevoll und nachvollziehbar durchzuführen – intern wie extern – ist eine hohe Kunst, die jede Führungskraft beherrschen muss.“*

Einige Monate später stellte sich heraus, dass die Kündigung von Peter M. und den anderen General Manager-Kollegen eine politisch motivierte Entscheidung war. Es war der ehrgeizige Plan eines neuen Management-Teams auf Europaebene, erst drei Monate im Amt, möglichst schnell Kosten zu sparen und damit die übereilten und überzogenen Versprechen gegenüber dem Board bzw. Aufsichtsrat einzuhalten und zu präsentieren. Der damals neue Verkaufschef wurde nach nur sechs Monaten gefeuert, der CEO nach elf Monaten. Die negativen Effekte für das Unternehmen im Markt sind bis heute noch nicht aufgeholt bzw. wirken noch nach.

Peter M. ist inzwischen wieder in einer neuen Position als Geschäftsführer und General Manager tätig.

## 3.4 Christian H.: Der Sensenmann

Christian H. *(Name geändert)*, Mitte 40, verheiratet, ein Kind, ehemaliger Direktor eines internationalen Finanz-Unternehmens in Spanien, für das er bereits seit 20 Jahren arbeitete. Christians Probleme begannen, als ein neuer Geschäftsführer für Spanien eingestellt wurde. Dieser war fachlich sein Chef, jedoch nicht disziplinarisch sein Vorgesetzter.

***„Es freut mich, dass Sie sich die Zeit nehmen. Was ist damals vorgefallen und was war der Anlass für die Kündigung?“***

*Christian H.: „Ich merkte sehr schnell, dass ich mit meinem neuen Chef Probleme haben würde. Er hat von Anfang an einen Kommunikations- und Managementstil betrieben, der einfach nicht dem meinem entsprach. Er hat die Leute angebrüllt und persönlich angegriffen mit solchen Sätzen wie: ‚This company is full of shit‘. Wir mussten vieles neu entwickeln – Strategien und Konzepte – ohne dass er sich vorher überhaupt damit auseinandergesetzt hatte. In Meetings hat er meine Mitarbeiter regelrecht zusammengestaucht, und das vor allen Kollegen. Er versuchte uns einzuschüchtern. Uns, das waren erwachsene Männer und Frauen, die ihren Job verstehen und ihn nicht zum ersten Mal machten. Mir gegenüber hat er sich zu Anfang freundlich und kooperativ gegeben. Er berief Meetings mit mir ein, in denen wir Ziele und Strategien diskutierten. Er schrieb sich alles auf, um dann danach alles gegen das ganze Team und mich als Vorgesetzten dieses Teams zu verwenden. Als nächsten Schritt zog er mich dann schrittweise von Projekten ab. Dann wies er meine Mitarbeiter an, die die Projekte betreuten, mir nichts mehr zu erzählen und auch nicht in meiner Gegenwart darüber zu sprechen. Er lud mich aus allen relevanten Meetings aus – auch aus denen mit dem Headquarter. Das kam alles ziemlich plötzlich und unerwartet, da ich vorher fachlich die Autorität war. Dann machte er noch andere Spielchen, um mich kaltzustellen. Zum Beispiel traf er sich mit meinen Mitarbeitern – vorzugsweise abends. Dabei interviewte er sie: ‚Welche von den Mitarbeitern in dem ganzen Team sind gut und welche nicht?‘ In einem Fall kam ein Mitarbeiter am nächsten Morgen zu mir und erzählte mir, was am Abend vorher passiert war. An besagtem Abend und in diesem Meeting entschied der neue Geschäftsführer, die gerade erst neu eingestellten Mitarbeiter wieder rauszuwerfen und neue Leute suchen zu lassen, die mehr Erfahrung vorweisen können, auch wenn sie teurer sind. Das alles ohne Rücksprache mit mir, geschweige denn mit meiner Genehmigung. Mein neuer Chef hatte mich bei dem wichtigen Thema Personalpolitik innerhalb meines Teams einfach übergangen, kaltgestellt. Er hatte nicht mal das Recht dazu, da er nur mein fachlicher Vorgesetzter war."*

***„Und wie haben Sie reagiert?"***

*Christian H.: „Ich habe ihn zur Rede gestellt. Doch er ließ sich nicht davon abbringen und zog das Ganze einfach durch."*

***„Was passierte dann?"***

*Christian H.: „Der Prozess, mit dem mein Rausschmiss begann, startete mit einer Vorstandssitzung, in der ich eine Mitarbeiterbefragung präsentierte. Das Unternehmen hatte mit der Wirtschaftskrise sehr stark zu kämpfen und man wollte herausfinden, wie sich dies auf die Haltung der Mitarbeiter auswirkte. Das Feedback der Mitarbeiter war nur durchschnittlich, das heißt, sie waren nicht sehr glücklich in ihren Positionen und Aufgaben. Die negative Gesamtmarktentwicklung, die sich auf die Stimmung auswirkte, war meine Erklärung für die wenig zufriedenstellende Mitarbeiterbefragung. Daraufhin sagte einer der Vorstände zu mir: ‚Lieber Christian, Sie leiden offenbar unter Wahrnehmungsstörungen.' Das sagte der Typ vor der versammelten Mannschaft und meinen Mitarbeitern. Ich war ziemlich geschockt über die Respektlosigkeit, mit der er meine Präsentation kommentierte. Er war wohl vorher von dem neuen Geschäftsführer instruiert worden. Ich habe mich behandelt gefühlt wie ein kleiner Junge. Ein paar Tage später kam dann der Geschäftsführer morgens um 9 Uhr in mein Büro und offenbarte mir, dass mein Direktorenposten ersatzlos gestrichen werden sollte und damit auch mein Job. Er würde mir meinen alten Job in einem anderen Bereich und der Tochterfirma in einem anderen Land des Konzerns anbieten. Da der Hierarchielevel dieses Jobangebots signifikant schlechter war, habe ich abgelehnt."*

***„Und wie haben Sie ihm gegenüber reagiert?"***

*Christian H.: „Ich blieb zu Beginn noch ziemlich cool, weil es für mich keine Notwendigkeit gab, so einen Wechsel vorzunehmen. Das Team war gut aufgestellt, ich hatte viele Neuerungen eingeführt und dadurch Erfolge vorzuweisen. Ich war mir meiner Sache sehr sicher. Da dieser neue Geschäftsführer nur fachlich, aber nicht disziplinarisch mein Chef war, machte ich mir keine Gedanken über die Konsequenzen meiner Entscheidung. Eine Woche später rief mich mein disziplinarischer Vorgesetzter, ein Mitglied des Vorstands, an und empfahl mir, meine Entscheidung zu überdenken, sprich: diesen alternativen Job anzunehmen. Ich war sehr enttäuscht, weil er sich nicht für mich eingesetzt hatte und offenbar sofort den Restrukturierungsplänen des neuen Geschäftsführers zugestimmt hatte. Dann habe ich beschlossen zu gehen. Nach 20 Jahren in diesem Unternehmen. Die Geschichte hatte noch ein ziemlich unangenehmes Nachspiel. Nachdem ich kommuniziert hatte, dass ich gehen würde, rief mich der Geschäftsführer in sein Büro und offenbarte mir, dass ich sofort freigestellt sei, weil er nicht mehr mit mir arbeiten wolle. Wortwörtlich sagte er zu mir: ‚Ich will Sie am Montag hier nicht mehr sehen.' Dann hat er noch eins drauf gesetzt: ‚Ich halte Sie für unfähig. Ich will einfach nicht mehr, dass Sie im Büro an irgendwelchen Projekten arbeiten. Sie haben noch Zeit, sich von Ihren Mitarbeitern zu verabschieden, aber das wäre dann auch alles.'*

***„Was haben Sie daraufhin gemacht?"***

*Christian H.: „Ich war wirklich vor den Kopf gestoßen und bin, ohne ein Wort zu sagen, gegangen. Diese Äußerungen wären doch gar nicht nötig gewesen von ihm. Schließlich hatten wir uns ja vorher schon mündlich über die Inhalte des Aufhebungsvertrags geeinigt. Ich habe keine Ahnung, weshalb er so aggressiv mir gegenüber auftrat. Das war wirklich schwierig für mich, nach 20 Jahren Firmenzugehörigkeit so abserviert zu werden. Das hatte ich nicht verdient."*

***„Wie ging es Ihnen danach?"***

*Christian H.: „Ich habe mich lange Zeit sehr schlecht gefühlt. Ich bin einfach sehr in meinen Grundwerten erschüttert worden. Ich habe in den 20 Jahren in dem Konzern drei Jahre in Asien gearbeitet, drei Jahre in Mittelamerika, lange Zeit in Deutschland und dann eben in anderen europäischen Ländern. Ich habe viel gelernt über fremde Sprachen und Kulturen. Es war eine gute Zeit mit tollen Kollegen und Mitarbeitern – und das weltweit. Zudem hatte ich immer exzellente Beurteilungen meiner Vorgesetzten bekommen. Da wächst man mit dem Unternehmen zusammen. Es war so ein Gefühl, als wäre man mit jemandem 20 Jahre verheiratet, und plötzlich will die Partnerin die Scheidung – und man weiß nicht warum."*

**„Sie haben das Unternehmen dann verlassen. Wie ist es den anderen Kollegen und Mitarbeitern ergangen, als Sie weg waren?“**

*Christian H.: „Einer meiner Mitarbeiter hat drei Monate später zum Wettbewerber gewechselt. Ein anderer Mitarbeiter, der weiterhin in seiner angestammten Aufgabe bleiben wollte, wurde ein paar Monate später kurz vor Weihnachten von besagtem Geschäftsführer gefeuert. Der Vertriebsdirektor ist ebenfalls direkt nach mir gegangen worden. Summa summarum ist von der Abteilungsleiterebene kaum noch jemand da. Sie sind entweder gegangen worden, oder sie haben selber gekündigt. Der neue Geschäftsführer ist mit der Sense durchgegangen. Heute weiß ich, dass es tatsächlich nicht an meinen mangelnden Fähigkeiten gelegen hat, dass er mich raushaben wollte. Er konnte mich nicht leiden, weil ich nicht in seine Strategie reinpasste und zu selbstbewusst aufgetreten bin. Es ist schon erstaunlich, wie ein Vorstand zulassen kann, dass ein einzelner Mann so viel Macht bekommt und so viel Schaden anrichtet.“*

**„Vielleicht ist es ja genau das, was der Vorstand wollte. Es kann doch durchaus sein, dass er mit dem neuen Geschäftsführer zusammengearbeitet hat und Sie davon nichts wussten?“**

*Christian H.: „Das mag schon sein, das hätte man aber auch anders abwickeln können. Das Schlimmste waren die Aggressivität und die persönlichen Angriffe. Jemanden auf diese Art und Weise zu demütigen, das muss ja nicht sein. Er hat die Unternehmenswerte mit Füßen getreten. Was ich auch vermute, ist, dass er mich loswerden wollte, weil er mich als potenzielle Gefahr bzw. Konkurrenz für sich und seine Position sah. Man hatte, bevor er den Job übernahm, nämlich mir den Geschäftsführerposten angeboten, was ich jedoch dankend abgelehnt hatte. Das wusste er.“*

**„Was waren die Lektionen, die Sie daraus gelernt haben?“**

*Christian H.: „Die größte Lektion, die ich lernte, war die, dass ich kein Vertrauen in Vorgesetzte und deren Äußerungen mehr habe. Es wird zwar immer viel geredet, nach dem Motto: ‚Ja, menschlich muss das ja alles sein, was da passiert‘, doch das ist Schall und Rauch. Mein Optimismus, mein Vertrauen und Glauben in die gegenseitige Loyalität sind völlig zerstört und damit auch die Identifikation mit einem Unternehmen.“*

**„Was haben Sie danach gemacht?"**

*Christian H.: „Ich habe eine Auszeit genommen und versucht, Abstand zu bekommen. Man wird eine Sache wie diese einfach nicht so schnell los. Das hat natürlich auch damit zu tun, dass der größte Teil meines Freundeskreises aus Kollegen bestand. Wenn man so lange mit einem Unternehmen verbunden ist, dann ist das einfach so. Es gibt ja so viele Gemeinsamkeiten und Themen, über die man redet. Und plötzlich verliert man dann durch die Kündigung gleichzeitig auch diese Menschen, mit denen man eng und emotional verbunden war. Man weiß auch nicht mehr wirklich, über was man reden soll, wenn das gemeinsame Thema, die Firma, wegfällt. Es ist schneller vorbei als man sich das wünscht. Es geht nicht nur um den Verlust des Jobs, sondern es geht vor allem auch um die Trennung von den Kollegen und Mitarbeitern, die man mochte und mit denen man eine schöne Zeit zusammen verbracht hatte. Deswegen würde ich mich heute nicht mehr so intensiv mit einem Unternehmen und seinen Leuten identifizieren. Ich gehe mehr auf Distanz und wahre sie auch, um einfach nicht mehr so verletzt zu werden."*

*Nach längerem Überlegen meint er: „Es hat in dem Unternehmen natürlich viele tolle Momente gegeben, auf die man in der Rückschau generell seinen Blick richten sollte. Es gibt ja nicht nur Schlechtes oder Negatives. Ich konnte dank der Internationalität des Konzerns meinen beruflichen Traum erfüllen, in vielen verschiedenen Ländern und Kulturen tätig zu sein."*

*Christian H. weiter: „Als meine Welt noch in Ordnung war, habe ich es bei anderen Kollegen mit angesehen, wenn sie gegangen oder gemobbt wurden. Doch ich war immer überzeugt: ‚Nein, mir passiert das nicht. Mir doch nicht!' Und nun ist es mir selbst doch passiert. Es ist für mich ein Makel. Ich erlebe das so und glaube, dass andere das auch so bewerten. Das bestätigt sich, wenn ich in deren Gesichter schaue, wenn ich ihnen davon erzähle. Gekündigt worden zu sein, ist ein Makel, wie auch immer es verpackt wird. Schlussendlich bin ich ja indirekt gegangen worden. Ich hatte zwar eine Wahl, die aber keine wirkliche Wahl war. Man wird plötzlich zur Persona non grata. Es fand auch keine offizielle Verabschiedung durch eine Mail oder Ähnliches statt. Man ist heutzutage vor nichts und niemandem mehr sicher."*

**„Mussten Sie früher Mitarbeitern selbst kündigen? Wenn Sie es heute tun müssten, was würden Sie nach dieser eigenen Erfahrung anders machen?“**

*Christian H.: „Ich musste Mitarbeitern kündigen. In den Ländern, in denen ich tätig war, gab es Wirtschaftskrisen und damit einfach niedrigere Umsätze und eine schwierige Profit-Situation. Deshalb mussten wir auch Mitarbeiter entlassen, da es ja bestimmte Profitziele zu erfüllen galt. Es ist wirklich keine einfache Aufgabe, aber man kann den Mitarbeitern durchaus erklären, dass Konsequenzen gezogen werden müssen, wenn es dem Unternehmen schlecht geht. Was ich heute jedoch zusätzlich allen gekündigten Mitarbeitern anbieten würde, wäre eine Outplacement-Beratung, damit sie nicht in freiem Fall den Abgrund hinunterstürzen. In einem Outplacement- Coaching können sie besprechen, wie es weitergeht, und haben die Möglichkeit, sich selbst und das Umfeld aus anderen Perspektiven zu betrachten. Das hilft über das Schlimmste hinweg.“*

Christian H. hat es nach seinem Weggang vorgezogen, auf Projektbasis für eine Unternehmensberatung tätig zu sein. Er berät heute Konkurrenzunternehmen seines ehemaligen Arbeitgebers.

## 3.5 Albert B.: Die Erpresser

Albert B. *(Name geändert)*, Mitte 40, verheiratet, zwei Kinder, Psychologe und Unternehmensberater, war knapp drei Jahre als Senior Consultant in einem internationalen Beratungsunternehmen in Großbritannien tätig. Er sollte als Partner in das Unternehmen aufgenommen werden. Als er von einem mehrmonatigen Beratungsmandat in Afrika nach London zurückkam, suchte er das Gespräch mit seiner Vorgesetzten, da es offenbar Irritationen und Friktionen im Projekt gab, von denen man ihm berichtete.

**„Es freut mich, dass Sie sich die Zeit nehmen. Was ist passiert, als Sie wieder zurück nach London kamen?“**

*Albert B.: „Der Kunde war sehr zufrieden und hatte unsere Beratungsarbeit sehr positiv bewertet. Die Projektleiterin sah das jedoch offenbar anders. Sie hatte eine andere Vorstellung davon, wie die Beratung zu leisten war. Sie war schon sehr lange in der Firma tätig, schon ewig. Sie galt als die Königinmutter. Und so verhielt sie sich auch. Wie eine Diva. Deswegen sind wir immer mal wieder zusammengeprallt, weil mich das ziemlich genervt hat. Oft übrigens überraschend unerwartet wegen unterschiedlicher Auffassungen zu Projektberatungen. Nach zwei Jahrzehnten als Unternehmensberater machte ich diese Aufgabe ja nun auch nicht zum ersten Mal. Und auch dieses Mal wurde ich bzw. meine Arbeit in dem Afrika-Projekt „out of the blue", aus dem Nichts heraus, kritisiert. Man bestellte mich zu einem Meeting ein. Mein Ziel für das gemeinsame Meeting war es, mit der Projektleiterin grundsätzlich über Projektmanagement zu diskutieren. Mir ging es um konstruktives Feedback und darum zu verstehen. Zu meiner größten Überraschung wurde ich nicht von ihr zu einem Gespräch eingeladen, sondern von einem anderen Senior Partner des Unternehmens. Er war der so genannte Performance Manager, der mir immer sehr gute Beurteilungen gegeben hatte. In diesem Treffen offenbarte er mir jedoch, dass das Management Board entschieden hatte, mich trotz meiner Verdienste in den letzten drei Jahren nicht als Partner in das Beratungsunternehmen aufzunehmen. Diese Ankündigung entsprach einer Kündigung. Entweder man wird dort Partner oder man ist eben draußen. Mit anderen Worten: Ich wurde nach drei Jahren, die ich für dieses Unternehmen verdienstvoll gearbeitet hatte, ohne Angabe von spezifischen Gründen hinausgeworfen. Sie haben entschieden, dass ich nicht reinpasse. So plötzlich, das war für mich natürlich völlig unverständlich."*

**„Und wie ging es dann weiter?"**

*Albert B.: „Ich stand unter Schock. Ich habe es einfach nicht verstanden. Mein Unverständnis für diese Entscheidung kam auch daher, dass ich bis dato immer ein sehr positives Feedback und sehr gute Beurteilungen von meinen Kunden erhalten hatte. Insofern glaube ich, dass es nicht meine Arbeit war, die kritisiert wurde, sondern meine Persönlichkeit. Ich bin herausfordernd, stelle kritische Fragen und war möglicherweise zu provokativ gegenüber der Projektleiterin und den anderen Partnern der Unternehmensberatung. Das hat eben den Damen und Herren nicht gepasst, und so wurde ich kurzerhand gefeuert. Anders kann ich es mir nicht erklären."*

**„Wie sind die Gespräche abgelaufen?"**

*Albert B.: „Das Meeting, in dem mir gekündigt wurde, dauerte gerade mal zehn Minuten. Es gab jedoch keinen normalen Vor-Kündigungsprozess, wie es in Großbritannien Vorschrift ist. Das heißt, man hätte mir zuerst eine Abmahnung ertei-*

*len müssen, bevor man mich rauswirft. Doch das geschah nicht. Es gab auch kein Meeting, wo meine Performance bewertet oder beurteilt worden war. Gar nichts. Es wurde mir nicht genau dargelegt, weshalb man mir kündigte. Es gab nur die Ankündigung und dann ein zweites Meeting, um die Details des Weggangs zu besprechen. Der Senior Partner, der offenbar intern instruiert worden war, sagte zu mir: ‚Entweder akzeptierst du diese Kündigung und erhältst als Abfindung einen weiteren Monat an Gehalt und ein gutes Zeugnis. Oder du lehnst diesen Vorschlag ab, aber dann gibt es einen so genannten Performance Management Appraisal, der sehr negativ für dich ausfallen wird. Du kannst dich also für die eine oder die andere Variante entscheiden.'"*

**„Wow! Das ist ja Erpressung!"**

*Albert B.: „Ja. Ich war total geschockt. Der zweite Schock. Auch damit hatte ich nicht gerechnet. Ich habe es einfach nicht für möglich gehalten, dass vormals vertraute und wohlwollende Menschen plötzlich so agieren können. Er hatte keinen Grund, mich so zu behandeln. Ich hatte ihm nichts getan. Was da passierte, war ungeheuerlich. Zwischen den Zeilen hatte er mir also gesagt, dass ich gar keine Wahl haben würde, sondern ich dem zu folgen hätte, was sie mir vorschlugen, nämlich der sofortigen Kündigung. Eine Abfindung in Höhe eines Monatsgehalts und ein gutes Zeugnis oder eben einen arbeitsgerichtlichen Prozess. Das war eine glatte Drohung. Und ich war wirklich geschockt darüber, vor allem weil er dies so gleichgültig und kaltblütig ausgesprochen hatte. Als ob es das Normalste der Welt ist. Ich kann es heute noch nicht fassen, dass dieser Mann, der mir in den gesamten drei Jahren immer ein sehr positives Feedback gegeben hatte und der mir wohlgesonnen war, mich plötzlich bedrohte."*

**„Und wie haben Sie reagiert? Sie waren doch sicher sehr wütend?"**

*Albert B.: „Ich habe ihm gesagt, dass ich nicht daran interessiert bin, diese rechtlichen Themen zu diskutieren. Ich wollte vielmehr eine Erklärung, weshalb man mir gekündigt hat, um die Sache zu verstehen. Doch das erfolgte nicht. Dann sprach ich mit meinem Anwalt, der ebenso entsetzt war. Er sagte, dass diese Erpressung natürlich illegal ist. Auch wurden weitere schwere arbeitsrechtliche Fehler seitens des Unternehmens begangen. So wurden die notwendigen Prozessschritte, der nach englischem Recht notwendige Vorkündigungsprozess, nicht eingehalten. Es gab weder eine schriftliche noch eine mündliche Warnung, keine Abmahnung oder dergleichen. Wie alles abgelaufen war, war strafrechtlich gesehen kriminell. Mein Anwalt empfahl mir trotz allem, dem ersten Vorschlag zu folgen: das Monatsgehalt zu nehmen sowie das gute Zeugnis und dann zu gehen. Einen Arbeitsprozess hätte ich zwar gewinnen können, das hätte allerdings viel Zeit und Geld gekostet, was ich beides nicht noch zusätzlich investieren wollte. Die Erpressung nachzuweisen, wäre zudem schwierig geworden ohne Zeugen, denn man hätte sie vor Gericht wahrscheinlich abgestritten. In das Unternehmen zurück zu gehen, wäre sowieso nicht mehr in Frage gekommen. Zudem war es auch ein ungeschriebenes Gesetz in diesem Unternehmen, dass derjenige, dem gekündigt wurde, keine Chance mehr bekam."*

*Pause. Wir müssen erst mal tief durchatmen angesichts der Geschütze, die gegenüber ihm aufgefahren wurden.*

*Albert B. scheint das Gefühl des Entsetzens darüber inzwischen verdrängt oder verarbeitet zu haben. Gefasst erzählt er weiter: „Es gab dann noch ein weiteres Meeting, in dem ich gehofft und erwartet hatte, dass man mir dieses Mal wenigstens erklärt, wo die Probleme lagen. Man gab mir ein etwas breiteres Spektrum als Antwort, aber nichts Konkretes. Es wurde nicht meine Arbeit kritisiert, aber mein manchmal provozierender, herausfordernder Kommunikationsstil."*

*Ergänzend fügt er hinzu: „Andererseits war das genau einer der Hauptgründe, weshalb ich überhaupt eingestellt worden bin. Ich provoziere, hinterfrage kritisch und nenne die Dinge, also die Probleme und Ungereimtheiten, beim Namen. Sonst traute sich dort ja keiner. Ich bin eben anders, diskutiere gerne, lebe einen offenen Kommunikationsstil und stelle vieles in Frage. Sie haben mir damals bei der Einstellung wörtlich gesagt: ‚Um das Unternehmen zum Wachsen zu bringen, müssen wir uns verändern, und das können wir nur, wenn uns jemand die richtigen Fragen und eben auch die kritischen Fragen stellt. Wir wollen, dass du dies genau tust und diesen Unterschied zu den anderen Beratern beibehältst. Wir möchten nicht, dass du anders wirst oder dich anpasst, sondern wir wollen dich vor allem auch als Sparringspartner für unsere Organisation hier haben. Die Belohnung dafür ist die Chance, Partner im Unternehmen zu werden.' Deshalb hat man mir das Jobangebot gemacht."*

*Albert B. weiter: „Offenbar hatte ich diese Ansage zu wörtlich genommen. Ich hatte darauf vertraut, dass mein Weg der richtige ist, weil meine analytischen Fähig-*

*keiten und kritischen Beurteilungen immer wieder positiv bestätigt wurden. Also habe ich Menschen kritisch herausgefordert, wie manche Prozesse abgelaufen sind, wie manche Beratungsprojekte abgewickelt wurden. Ich konnte sehen, was veraltet war oder nur mittelmäßig funktionierte. Ich konnte es auch sehen, wenn eine schlechte Performance, Fragestellungen oder problematische Performance-Themen von Mitarbeitern einfach unter den Teppich gekehrt wurden. Ich konnte erkennen, dass es eine Gruppe von Menschen in diesem Unternehmen gab, die sich und ihre Fehler gegenseitig deckten und sich so selbst schützten. Mitarbeiter, die sich nicht wirklich selbst forderten, um besser zu werden oder um sich für den Kunden positiv weiterzuentwickeln. Insofern bin ich quasi naiv in eine politische Falle getappt. Ich habe immer angenommen, dass mein Verhalten in Ordnung war, weil es so gefordert wurde von Anbeginn an. Ich habe offenbar zu viele Egos vor den Kopf gestoßen in diesem Unternehmen. Das war wohl der Grund."*

**„Wie wurde die Kommunikation intern und extern abgewickelt?"**

*Albert B.: „Die Kommunikation wurde wirklich sehr schlecht gemanaged. Im Gegensatz zu dem, was die Company offiziell als Philosophie einer offenen Kultur propagierte, wurde mein Fall intern natürlich ganz anders gehandhabt. Es war wirklich peinlich, denn die Mitarbeiter wurden nur dürftig informiert. Das einzige Statement war: ‚Trotz allem größtmöglichen Einsatz für das Unternehmen hat man sich einvernehmlich geeinigt, dass Albert B. das Unternehmen verlassen wird.' Nichts weiter. Kein Wort darüber, weshalb ich gegangen bin bzw. wurde. Wie auch. Sie konnten selbst mir gegenüber ja auch keinen Grund dafür nennen. Was noch schlimm für mich war, war, dass man die Kollegen und Mitarbeiter angewiesen hatte, nicht mehr mit mir zu sprechen oder mit mir Kontakt aufzunehmen. Eine totale Kontaktsperre. Das hat mich sehr verletzt. Ich wurde regelrecht ausgesperrt. Das war für mich die größte, emotionale Belastung. Ich wurde isoliert. Ich hatte mit diesem Personenkreis im Lauf der Jahre sehr enge Verbindungen und Beziehungen aufgebaut. Schließlich hatten wir in dieser Zeit in einigen Projekten zusammengearbeitet. Wir sind miteinander um die Welt geflogen, haben viel Zeit zusammen verbracht. Ganze Wochen – 24/7, also 24 Stunden, 7 Tage die Woche. Das bleibt in Auslandsprojekten ja nicht aus. Und daraus entstehen Freundschaften und enge Beziehungen, die in meinem Fall von einer Minute auf die nächste gekappt, getrennt wurden. Das tut am meisten weh. Die Trennung von diesen Menschen war über mehrere Monate hinweg richtig schmerzhaft."*

**„Wie haben sich Ihre Kollegen und Mitarbeiter verhalten?“**

*Albert B.: „Es war natürlich auch genauso schwierig für diese Kollegen und Mitarbeiter wie für mich damit umzugehen, weil ihnen Angst gemacht und juristische Folgen angedroht wurden. Ich kann es einfach nicht fassen, dass es so etwas, dass es solche Manager gibt. Dazu noch in einem Unternehmen, das andere Unternehmen in Sachen Human Resources und Organisationsentwicklung berät. Es gab einige Kollegen, die über eine gewisse Zeit hinaus trotzdem mit mir in Kontakt standen – allerdings nur kurz. Treffen wurden sukzessive immer wieder verschoben und irgendwann dann komplett abgesagt. Die vormals engen Kontakte verliefen im Sand. Ich hatte auch das Gefühl, dass es den Leuten einfach peinlich war, mit mir zu sprechen oder in Kontakt zu treten. Es war ihnen irgendwie unangenehm. Trotzdem hat es mich schon überrascht, wie schnell Menschen eine vertraute Person fallen lassen können. Das hat bei mir ein Gefühl der Isolation ausgelöst. Ich fühlte mich wertlos, einsam, allein gelassen, wie ausgespuckt. Niemand wollte mehr etwas mit mir zu tun haben. Über die Zeit bin ich dann nach und nach in eine Depression hineingerutscht, wie auf leisen Sohlen. Und selbst ich als ausgebildeter Psychologe konnte es nicht verhindern oder etwas dagegen tun.“*

**„Konnten Sie für sich positive Schlüsse ziehen, die Ihnen halfen, das Ganze zu verarbeiten – trotz all der emotionalen Verletzungen und der Trauer, die Sie durchlebten?“**

*Albert B.: „Mein Stolz, mein Selbstvertrauen und mein Selbstbewusstsein waren zu Anfang, als ich den Job begann, sehr hoch. Ich war in der Lage, frei zu sprechen und konnte alle möglichen Situationen erfolgreich managen. Vielleicht haben sich meine Kollegen und Mitarbeiter bedroht gefühlt durch meine forsche Art, weil ich auch ein sehr gutes Standing bei den Kunden hatte. Nach der Kündigung rutschte mein hohes Selbstvertrauen in den Keller – nicht sofort, sondern nach und nach. Über die Zeit hinweg wurde es immer weniger. Das heißt, mein Vertrauen in mich und mein Selbstwertgefühl schwanden dahin. Wie Wasser, das im Sand so langsam versickert. Ich dachte mir irgendwann: ‚Ich bin halt doch nicht so gut gewesen, wie ich dachte, und ich werde auch in Zukunft nie gut sein für diese Art von Job. Es war wohl alles mein Fehler.‘ Die Selbstattacke begann. Und diese Kündigung hat tatsächlich einige alte Wunden aus der Vergangenheit – aus meiner Kindheit – wieder geöffnet und ein Denken bei mir erzeugt, das ich längst abgelegt hatte: ‚Es war nicht deren Fehler, sondern es war mein Fehler. Ich bin selbst schuld, denn ich bin hinausgeworfen worden und nicht die anderen. Ich habe dies falsch gemacht und jenes falsch gemacht.' Ich bin in eine ganz schwierige, ganz schlechte Phase der Selbstgeißelung hineingeraten, ohne dass ich es verhindern oder stoppen konnte. Gleichzeitig habe ich mir dabei wie von außen zugeschaut bzw. zugehört und konnte nichts dagegen tun. Diese Gedanken zogen mich immer weiter nach unten, immer weiter. Es ging mir Tag für Tag, Woche für Woche schlechter. Irgendwann habe ich mir dann professionelle Hilfe geholt und eine Therapie begonnen. Das war die beste Entscheidung. Jetzt – nach mehr als sechs Monaten – geht's mir etwas besser, aber noch nicht wirklich viel. Das aufzuarbeiten dauert länger, als man zu Beginn vermutet. Ich frage mich tatsächlich, was ich in Zukunft beruflich tun soll. Ich weiß es einfach nicht."*

***„Wie haben Ihre Familie und Freunde auf die Kündigung reagiert? Haben Sie es ihnen erzählt?"***

*Albert B.: „Ja, ich habe es meinen Freunden erzählt und auch meiner Familie. Ich habe mich dafür nicht geschämt. Ich habe nichts zurückgehalten, auch noch nicht mal in Gegenwart meiner halberwachsenen Kinder. Ich war authentisch. Ich bin ich, selbst in meinem Job, und so bin ich eben auch privat. Wenn Menschen das nicht mögen und das nicht der richtige Weg ist, dann bin ich nicht die richtige Person für diese Menschen. Also ich drehe das eher um. Ich bin der Auffassung, dass das Leben viel zu kurz ist, um Kompromisse zu machen und eine Kultur zu adaptieren oder sich an eine Kultur anzupassen, die für mein Werteverständnis nicht korrekt ist. Die offene Kultur, die das Beratungsunternehmen mir am Anfang meiner Einstellung versprochen hatte, war einfach nicht das, was ich dann tatsächlich vorfand. Es war eine Täuschung. Sie haben das Alte weitergelebt, was sie ursprünglich verändern wollten. Irgendwann habe ich ihnen den Spiegel vorgehalten, und das hat natürlich dem Vorstand nicht gepasst. Das ist auch ein Teil des Schattens oder der Schwäche in dieser Organisation: Sie sagen das eine und tun das andere. Integrität und Respekt sind Fremdwörter. Sie haben sich nicht gekümmert um mich, was aber die Pflicht eines jeden Arbeitgebers ist – egal wem gegenüber. Von Menschlichkeit und Empathie, die man als Basis erwarten sollte, ganz zu schweigen. Die Hierarchie spielt dabei keine Rolle. Ich habe mich gefühlt, als wenn ich von einem Lkw überfahren worden wäre oder als hätte man Teile von mir in einen Sack gepackt und dann einfach aus der Hintertür rausgeschmissen. So hat sich das angefühlt, als man mich gefeuert hat. Es war furchtbar. Wenn es irgendein Unternehmen wäre, wäre das noch was anderes, weil die meisten Unternehmen und deren Manager eben keine Ahnung von Psychologie haben und wie man mit Menschen umgeht. Dieses Unternehmen jedoch ist eine Organisationsberatung für andere Unternehmen und besteht weitgehend aus Psychologen, die es ja wirklich besser wissen müssten. Schließlich haben sie es gelernt und verdienen ja damit ihr Geld. Sie sollten die Art und Weise kennen, wie Mitarbeiter möglichst respektvoll gekündigt werden. Es ist sowieso kein schöner Akt, aber daraus einen so schrecklichen und brutalen Blitzkrieg zu machen, macht mich sprachlos. Das Unternehmen spricht immer davon, dass das Wichtigste in der Organisation die Menschen sind und ihre Beziehungen zueinander. Ha ha! Diese große Diskrepanz zwischen Theorie und Praxis bei den Unternehmenswerten ist bei diesem Beratungsunternehmen besonders tragisch. Wie human ist die Abteilung, die sich Human Resources nennt, wirklich? Bei Resources geht es um Stärken, die es auszubauen gilt, doch hier in Großbritannien scheint offenbar der Begriff Human Resources nur für ein Ziel und Zweck verwendet zu werden: Menschen als Arbeitsmittel zu sehen, die man verwenden und nutzen muss, und die, wenn sie gebraucht sind, wieder weggeworfen werden. Die öffentliche Kritik und Diskussion darüber, dass man heutzutage Menschen nicht mehr als Menschen betrachtet und behandelt, verfolge ich schon einige Zeit hier. Inzwischen ist sogar Human Resources auf die Idee gekommen, dass es da möglicherweise Widersprüche gibt. Statt Inhalte zu diskutieren und zu verbessern, werden schnell neue Titel erfunden, um das Ganze zu vertuschen oder zu beschönigen. Man sucht neue Begriffe wie zum Beispiel Talent Management oder Personal Development, die sich besser vermarkten lassen. Das sind die neuen Modewörter, um den verfänglichen Begriff Human aus dem gesamten Kontext herauszunehmen. Reine Augenwischerei. Die Inhalte werden nicht korrigiert. Letztendlich geht es doch wieder und wieder um das Gleiche: um Menschen. Und das scheint in den Personalabteilungen und bei Topmanagern immer noch nicht angekommen zu sein.“*

**„Haben Sie sich persönlich verändert seit dem Tag X?“**

*Albert B.: „ Ja, wahrscheinlich schon. Ich habe realisiert, dass ich inzwischen ein viel freundlicherer Mensch geworden bin. In der Vergangenheit, als ich diesen Job noch hatte, war ich ein ‚High Potential‘ oder ‚High Flyer‘, wie man das so nennt. Ich war sehr beurteilend und verurteilend anderen Menschen gegenüber, war wenig freundlich, mitfühlend und natürlich auch sehr gestresst. Ich war sehr stark performancegetrieben, aggressiv, auch egoistisch und sicherlich auch sehr auf mich selbst bezogen. Der Glamour der Fünf-Sterne-Hotels, Sterne-Restaurants, Minister- und Promitreffen haben mein Ego sehr stark aufgeblasen. Inzwischen interessiert mich das nicht mehr. Ich war damals nicht mehr in Balance mit mir selbst. Heute mag ich den Mann, der ich geworden bin, sehr viel lieber als die Person, die ich damals war. Das ist ein profunder Wechsel, eine starke Veränderung meiner Persönlichkeit, die diese Kündigung ausgelöst hat. Nach der Kündigung habe ich mich in den Buddhismus vertieft, meditiert und fühle mich heute auf einem sehr viel besseren Platz. Das heißt, ich bin dabei Körper, Geist und Seele zu integrieren. Ich lebe also in einer stärker integrierten Position als früher. Ich habe sehr viel mehr Mitgefühl entwickelt, mein Herz geöffnet und bin sensibler geworden. Meine Werte haben sich verändert. Ich suche danach, Dinge zu erschaffen, die sich entsprechend der Verwirklichung meiner Werte ausrichten, wobei das Geld inzwischen eine geringere Rolle spielt. Es war und ist immer noch ein sehr schmerzhafter Prozess, Abschied zu nehmen von dem alten Leben, von dem alten Ich. Es braucht seine Zeit. Das ist eben auch nicht so einfach. Eins weiß ich heute jedoch mit Sicherheit: In einer solchen Umgebung, mit solchen Menschen und in solchen Organisationen, wie ich sie damals vorgefunden habe, werde ich nie wieder arbeiten!"*

Albert B. ist heute selbstständig als Unternehmensberater. Eine komplette Veränderung in allen Lebensbereichen, auch in seinem Privatleben durch Trennung und Scheidung, findet derzeit statt. Für ihn, so sieht er es selbst, ist es eine echte Chance, etwas völlig Neues zu beginnen. Eine Chance, die er zu nutzen weiß, trotz aller Hindernisse und Hürden.

## 3.6 Thomas M.: Die Lügner

Thomas M. *(Name geändert)*, Dipl.-Ing., verheiratet, drei Kinder, bei der Kündigung Mitte 40, war ehemaliges Mitglied der Geschäftsleitung Vertrieb und Einkauf eines Industrie-Konzerns in der Schweiz. Wir treffen uns im Foyer eines Hotels in Zürich.

***„Es freut mich, dass Sie sich die Zeit nehmen. Was ist damals passiert?"***

*Thomas M.: „Am Tag der Freistellung wurde ich von meinem Chef, CEO des Unternehmens und mein Freund seit sieben Jahren, ohne Angabe von Gründen ins Büro bestellt. Das war kurz vor Mittag. Der Personalchef kam ebenfalls dazu. Er stellte sich hinter den Sessel meines Chefs und sagte kein Wort. Dieser eröffnete das Meeting mit den Worten: ‚Weißt du, Thomas, wir haben beschlossen dich freizustellen. Ich nehme an, du weißt warum. Alle weiteren Details besprichst du bitte jetzt mit dem Personalchef.' Dann stand er auf und verließ das Sitzungszimmer, ohne auch nur eine Erklärung abzugeben oder eine Antwort von mir abzuwarten. Das Ganze dauerte nicht mal eine Minute."*

**„Wie haben Sie reagiert?"**

*Thomas M.: „Ich war völlig ... völlig vor den Kopf gestoßen und dachte: Ich bin jetzt hier im falschen Film. Ich habe zwar vorher gespürt, dass etwas nicht stimmt, aber ich habe nicht damit gerechnet und keinen Grund zu der Annahme gehabt, dass ich eine Freistellung, eine Kündigung riskiere. Immerhin war ich 20 Jahre in dem Unternehmen. Ich konnte keine klaren Gedanken fassen, hatte kein Gefühl mehr und bin zum ersten Mal im Leben gegen meine Natur wirklich sprachlos gewesen. Absolute Leere. Ich hatte noch nicht mal Lust zu fragen, weshalb man mir gekündigt hatte. Ich hatte auch keine Idee, warum. Ich konnte mir keinen Grund vorstellen und dachte: Nun gut, jetzt ist es also so. Dann hat mir der Personalchef einen Vertrag vorgelegt, der bereits ausgearbeitet war, und sagte: ‚Hier ... du brauchst da nur noch zu unterschreiben.'"*

*Thomas M. weiter: „Ich habe den Vertrag kurz überflogen und festgestellt, dass man mir eine korrekte Abfindung anbot, die meiner mehr als 20 Jahre dauernden Tätigkeit im Unternehmen Rechnung trug. Zudem hat man mir ein Outplacement-Coaching offeriert. Bis abends habe ich mir Bedenkzeit ausgebeten. Dann habe ich meinen Anwalt angerufen und er hat einige Detailverbesserungen vorgenommen. Am gleichen Tag noch wurde dann den Vertrag unterschrieben. Nach der Besprechung und Vertragsunterzeichnung gab es ein Meeting mit den Führungskräften aus meinem Zuständigkeitsbereich. Offiziell hat der Personalchef dort kommuniziert, dass wir uns im gegenseitigen Einvernehmen getrennt hätten, weil ich mich einer neuen Herausforderung stellen wolle. Glatt gelogen. Das Büro hätte ich – wie bei Freistellungen üblich – dann sofort verlassen sollen. Zur Übergabe meines Büros, PCs, Handys usw. habe ich mir dann jedoch mehr Zeit – ein paar Wochen – ausgehandelt, um die Aktenübergabe an meinen Nachfolger korrekt und geordnet sicherzustellen. Die Mitarbeiter wurden am selben Tag noch von mir mit einem offiziellen Text informiert, den man mir gegeben und den ich in einem Meeting mit den Mitarbeitern vorzulesen hatte. Natürlich haben sich alle bedeckt gehalten, aber jeder wusste, was in Wirklichkeit passiert war."*

*Ein Rückblick. Thomas M.: „Ich war als Manager meistens im Ausland tätig – in den USA, in Südostasien und auch in Südeuropa. Ich konnte immer sehr selbstständig arbeiten und auch entscheiden. Im Grunde genommen wurde ich an einer sehr langen Leine geführt. Ich habe die Gesellschaften und die Geschäfte in den jeweiligen Ländern so geführt und abgewickelt, als wenn sie meine eigenen gewesen wären. Diese unternehmerische Freiheit habe ich sehr geschätzt, das unternehmerische Risiko dazu. Und natürlich bin ich dadurch auch selbst persönliche Risiken eingegangen. Wenn Entscheidungen dem Headquarter nicht gepasst hätten, hätte ich dann auch die entsprechenden Probleme gehabt. Dem war aber nicht so, und es lief alles hervorragend über lange Zeit. Die Abstimmung mit dem Headquarter fand nur alle paar Monate statt. Es hat sich für mich so angefühlt, als wenn ich wirklich meine eigenes Geschäft steuern und führen würde. Durch die Kündigung hat es sich dann eben aber auch so angefühlt, als hätte man mir mein eigenes Unternehmen einfach weggenommen. Als ich einige Jahre zuvor aus dem Ausland ins Headquarter in die Geschäftsleitung zurückkam, war es natürlich schon ungewohnt, nicht mehr so selbstständig arbeiten zu können. Auf einmal waren da Kollegen rechts und links, verschiedene Chefs auf verschiedenen Stufen der Sparte und innerhalb des Konzerns, die alle mitsprechen wollten und eine Meinung hatten. Ich war das nicht mehr gewohnt. Für mich war das nicht die ideale Situation. Ich bin eben ein Freigeist bzw. wurde in den vielen Jahren im Ausland dazu. Das hat natürlich zu Irritationen geführt. Ich habe das auch gespürt, bin aber nicht ganz sicher, ob das der Grund für die Kündigung war. Ich weiß es einfach nicht. Ein anderer Grund könnte gewesen sein, dass kurz zuvor ein massiver Stellenabbau anvisiert worden war, der durch eine Unternehmensberatung vorgeschlagen wurde. Nun, und gerade da komme ich aus dem Ausland zurück, was natürlich auch eine Menge Probleme für die anderen Kollegen und Mitarbeiter auslöste, weil sie Angst bekamen. Und natürlich hatte auch das Topmanagement zu entscheiden, was mit mir weiter zu passieren hatte. Es war also für alle Beteiligten eine schwierige Situation. Ich habe mich zudem des Öfteren lautstark dafür eingesetzt, dass den Personen, die das Unternehmen verlassen mussten, bessere Bedingungen ermöglicht wurden. Damit habe ich mich auch nicht sehr beliebt gemacht. Es war ein politisches Spiel. Solche Spiele waren mir eigentlich immer egal. Ich habe meine Werte und dafür stehe ich ein."*

**„Was sind Ihre wichtigsten Werte im Berufsleben?"**

*Thomas M.: „Mein wichtigster Wert ist persönliche Integrität. Das bedeutet für mich, dass ich mich voll verantwortlich sehe für das, was ich als Manager tue. Der zweite wichtige Grundsatz liegt für mich immer in einer menschenfreundlichen Personalführung, d. h. offen, transparent und fair zu sein und zu bleiben – im Ausnahmefall auch zulasten der Wirtschaftlichkeit. Menschlichkeit genießt also, wenn nötig, Priorität gegenüber der Wirtschaftlichkeit und muss auch praktiziert werden. Damals wurden sehr verdiente langjährige Manager rausgeworfen. Daran erinnere ich mich noch sehr gut. Und oft wurden sie nur deshalb entfernt, weil bestimmten Leuten die Nase von diesen Personen nicht gepasst hat. Für diese Manager habe ich mich natürlich eingesetzt. Ich habe mir auch den Luxus geleistet, über gewisse Konzernmanager Witze zu reißen, weil sie sich vor laufender Kamera lächerlich gemacht haben. Es kann nicht sein, dass solche Leute so einen riesigen Konzern führen und andere wohlverdiente Manager rausgeworfen werden. Zur gleichen Zeit, als der geforderte Personalabbau entschieden wurde, wurden zum Jahreswechsel zwei Millionen Schweizer Franken in meinem Zuständigkeitsbereich durch eine Konzerntochter mittels eines Buchhaltungstricks in deren Bücher verschoben. Das war eine strafbare Handlung, die scheinbar von Topmanagement-Seite nicht gesehen wurde. Und ich habe mich dummerweise in der Geschäftsleitungssitzung darüber entsprechend geäußert, weil ich natürlich die Millionen wieder in unsere Mutterfirma zurückholen wollte. Die Konsequenz ohne die Millionen war, dass wir das Geld einsparen mussten, und das hieß, noch mehr langjährige Mitarbeiter rauswerfen zu müssen. Das wollte ich nicht tun. Ich habe nach eingehender Diskussion in dieser Geschäftsleitungssitzung dem Finanzchef direkt auf den Kopf zugesagt: ‚Jetzt hören wir auf zu reden, jetzt ist es gut. Informieren wir einfach die zuständige Behörde, damit die das Ganze regelt!' Denn auch der Finanzchef wusste, dass das nicht legal war, was er da dulden sollte. Mit so einer Androhung und Äußerung von mir hatte niemand gerechnet. Unser Finanzchef wurde auf Betreiben der besagten Konzerntochter zum allerobersten Chef bestellt. Das Ende vom Lied war natürlich, dass wir die zwei Millionen abgeben mussten – und das, obwohl wir mit sinkenden Umsätzen zu kämpfen hatten. Wir hätten ohne diesen Millionenverlust Mitarbeiter zu spürbar besseren Abgangsbedingungen entlassen können oder eben gar nicht rauswerfen müssen. Mit der ganzen Geschichte habe ich mir natürlich auch keine Freunde unter den Managern gemacht, und ich wurde in dem Moment im Topmanagement-Kreis zu einem unsicheren Kandidaten."*

**„Wie haben Sie sich gefühlt damals, als man Ihnen gekündigt hatte? Wie ging es Ihnen dabei?“**

Thomas M.: *„Ich war sehr verletzt, mehr, als ich es mir zu Anfang eingestanden hatte. Am meisten über den Stil der Kündigung. Ich hatte es wohl verdient, gefeuert zu werden nach diesem Eklat – rückblickend betrachtet. Ich habe mich zu wenig angepasst oder war zu forsch, und ich war auch nicht immer einverstanden mit der neuen Unternehmensstrategie. Ich habe ständig diskutiert, kritische Fragen gestellt und offen meine Meinung gesagt. Ich war allerdings auch sehr enttäuscht von meinem Chef, der ja immerhin auch mein langjähriger Freund war. Enttäuscht darüber, dass er nicht den Mut gehabt hat, selbst mit mir über die Kündigungsgründe zu sprechen und die Abwicklung auch persönlich vorzunehmen. Stattdessen hat er alles an den Personalchef delegiert, was ich persönlich als Affront empfunden habe. Er hat sich nicht selbst vor die Mitarbeiter gestellt und gesagt, was passiert ist. Stattdessen hat er alles vom Personalchef machen lassen, der weder fachlich noch persönlich ihm oder mir hätte das Wasser reichen können. Es war einfach enttäuschend, respektlos mir gegenüber. Alles in allem war das keine gute Art, wie man miteinander umgeht. Schließlich haben wir uns lange Jahre gekannt. Und natürlich fühlte ich dann auch eine gewisse Scham gegenüber meinen Freunden und der Familie darüber, dass die Firma mich nach so langer Zeit freigestellt hat. Ich habe nie darüber nachgedacht, dass das einmal passieren könnte. Meiner Frau habe ich es sofort erzählt, dass man mir gekündigt hat, aber nicht meinen Kindern, weil sie in eine Privatschule gehen. Ich wollte einfach nicht, dass sie sich schlecht fühlen. In einer Privatschule ist der Konkurrenzkampf ziemlich groß. Es spielt eine große Rolle, welche Position die Eltern haben. Wenn so etwas passiert, fühlen sich Kinder einfach unsicher. Das merken die anderen, und dann werden sie nicht mehr gut behandelt. Kinder können bekanntermaßen manchmal grausam sein. Das ist halt so. Und mit zwei Freunden habe ich dann noch alles besprochen, aber sonst mit niemandem anderen. Im Rückblick denke ich, dass ich es allen Freunden hätte sagen sollen. Es hat mich zu viel emotionalen Schmerz gekostet, zu schweigen und alles zurückzuhalten und wegzudrücken. So hat es natürlich auch länger gedauert, bis ich wieder positiv gedacht habe und in einen konstruktiven Modus gekommen bin. Ich habe nicht den Mut gehabt, eine Auszeit zu nehmen, was mich heute ebenfalls reut. Man muss sich den Druck nicht selber on top geben und sofort einen neuen Job suchen. Ich habe den Fehler gemacht, gleich nach zwei Monaten wieder zu arbeiten, obwohl ich mir eine Auszeit von sechs Monaten hätte leisten können. Aber in diesem Schockzustand und auch danach ist man erst mal nicht in der Lage, sich* *neu zu finden. Über die Zeit hinweg habe ich mit anderen gesprochen, die in ähnlichen Situationen waren. Das hat geholfen. Die ersten zwei, drei Monate bin ich sehr passiv gewesen und in einer sehr negativen emotionalen Verfassung bis kurz vor der Depression. Ich habe mich dann schließlich ohne falsche Scham oder falsche Rücksichtnahme mit allem auseinandergesetzt, um konstruktiv mit der Situation umgehen zu können. Aber zuerst hat mich das natürlich erst recht in den Abgrund stürzen lassen. Die Emotionen sind sehr schmerzhaft gewesen, mit denen ich dann konfrontiert war. Wenn man zum ersten Mal in einem professionellen Gespräch darüber spricht, wird es erst mal schlimmer, es bringt Zusatzprobleme. Doch danach geht es wieder Schritt für Schritt bergauf."*

***„Welche Emotionen waren die stärksten?"***

*Thomas M.: „Aus der Vergangenheit kamen viele Sachen durch diese Kündigung wieder hoch. Erstens war da eine grundlegende Existenzangst. Sie war das allerstärkste Gefühl. Nicht mehr zu wissen, was wie weitergeht. Zweitens die Gefühle der Isolation und der Ausgrenzung aus der Gesellschaft, aus dem Freundeskreis, aus diesem Unternehmen. Wenn man so lange in einem Unternehmen gearbeitet hat, entwickeln sich natürlich Beziehungen und Freundschaften. Man fühlt sich zu etwas zugehörig, identifiziert sich mit dem Unternehmen, und plötzlich wird man dort ausgegrenzt. Man gehört einfach nicht mehr dazu. Das ist ein schreckliches Gefühl. Ich war keiner mehr von ihnen. Dieses Gefühl, Außenseiter zu sein, kam zum ersten Mal wieder hoch und erinnerte mich daran, dass ich mich schon früher manchmal in meiner Heimat als Außenseiter fühlte und auch deshalb eben im Ausland arbeiten wollte. Hinzu kam diese – sage ich mal – Enge hier in diesem Land. Es ist ein wirkliches Problem für mich. Deshalb wollte ich immer weg von hier. Ich habe keine Luft mehr bekommen. Und deswegen war ich auch 20 Jahre im Ausland tätig. Ich würde heute am liebsten wieder auswandern. Es nutzt nichts, ein schönes Leben zu haben, wenn man sich nicht mehr zugehörig fühlt oder gar wirklich nicht dazugehört. Ich habe mich nie nur nach der Karriere und dem Geld ausgerichtet. Ich wollte immer etwas bewegen und frei sein. Ich bin ein Freigeist."*

***„Was würden Sie heute in der Rückschau anders machen?"***

*Thomas M.: „Ich würde noch deutlicher meine Meinung sagen. Sogar noch ausgeprägter, schärfer, offener, direkter mit dem Risiko umgehen. Ich würde noch viel konsequenter meinen eigenen Weg verfolgen, mich noch weniger anpassen und mich noch mehr an meinen eigenen Zielen orientieren und mich stärker gegenüber dem Mainstream abgrenzen."*

*Er schaut mich nachdenklich an, und ergänzt dann: „Ich hätte besser gar nicht aus dem Ausland zurückkommen sollen." Man merkt, dass er – obwohl die Kündigung einige Jahre her ist – immer noch betroffen ist: „Mein Chef und ich waren sehr gut befreundet. Als ich Mitarbeitern kündigen musste, habe ich alles selbst und allein von A bis Z analysiert, vorbereitet und durchgeführt. Nach meinem besten Wissen und Gewissen. Ich habe mich immer daran gehalten, offen, ehrlich und fair zu sein. Als ich selbst Mitarbeitern kündigen musste, habe ich von Anfang an interaktiv mit diesen betreffenden Personen zusammengearbeitet. Ich habe also nicht einfach gesagt: ‚Ich werde dir jetzt kündigen, du kannst jetzt gehen.', sondern ich habe vorher mit den Personen gesprochen. Sinngemäß so: ‚Hör' zu, es läuft darauf hinaus, dass ich dich freistellen muss bzw. dir kündigen muss bzw. soll'. Dann habe ich es begründet. Ich habe sachliche Gründe aufgeführt und mit den betreffenden Personen ebenfalls diskutiert, welches die persönlichen Wünsche sind, sei es materiell oder in der Kommunikation intern und nach außen. Es ist wichtig, sich darüber Gedanken zu machen, was man sagen und tun muss, damit die Person keinen Schaden davonträgt, sondern ihr wirklich geholfen wird, schnell einen neuen Job zu finden. Ich bin der Meinung, dass es entscheidend darauf ankommt auf welche Art und Weise Freistellungen oder Kündigungen erfolgen – manchmal auch müssen – vor allem in Unternehmen, in denen sie öfters vorkommen. Es hat Einfluss eben auch auf die Qualität der Zusammenarbeit mit den Personen, die zurückbleiben, denn die Dinge sprechen sich ja herum. Die Details sprechen sich herum – auch dass jemand nicht anständig behandelt wurde, als er gehen musste. Das hinterlässt Misstrauen, es erzeugt Angst, weil sich jeder fragt: ‚Wann bin ich der Nächste oder die Nächste und was muss ich jetzt tun?' Und sofort kommen auch solche Gedanken wie: ‚Am besten suche ich mir selber einen neuen Job, bevor mir das passiert.' Es geht mir hier jetzt weniger um Menschenliebe oder Menschenfreundlichkeit, sondern vor allem um den Gesamtzusammenhang in einem Unternehmen. Man muss immer alle Mitarbeiter im Blick haben. Entscheidend ist das Vertrauen, das diese Mitarbeiter weiterhin in das Unternehmen haben sollen, und das Vermeiden von Angst bei den Personen, die zurückbleiben."*

***„Wie ging es weiter mit Ihnen?"***

*Thomas M.: „Ich habe zwei Monate nach der Freistellung direkt eine neue Position und Aufgabe begonnen, auch wieder auf Ebene der Geschäftsleitung. Das hat mir natürlich sehr gut getan und vor allen Dingen auch meinem angeknacksten Selbstvertrauen. Ich war dann doch zwei Jahre in dem anderen Unternehmen und habe sehr viel dort bewegen können, bevor ich gekündigt habe, um eine vollkommen neue Aufgabe zu übernehmen. Und stellen Sie sich vor: Der Chef meines Ex-Chefs wollte mich nach meiner Kündigung als dessen Nachfolger zurückholen, um meinem Ex-Chef kündigen zu können. Das war fast wie ein neuer Schock; gleichzeitig hat es mir gutgetan. So kann es eben auch gehen. Ich habe aber dankend abgelehnt. In dem nächsten Unternehmen, in dem ich danach tätig war, habe ich als Geschäftsführer einen radikalen Wechsel in eine völlig neue Branche mit einem speziellen Geschäftsmodell gemacht. Es ging um ein gemischtwirtschaftliches Unternehmen in der Transportbranche. Dort bin ich fast zehn mehrheitlich interessante und schöne Jahre geblieben. Die Position wurde jedoch schlussendlich nach einer feindlichen Übernahme gestrichen. Und dann hat es mir auch gereicht. Ich habe mich als Unternehmensberater selbstständig gemacht und das nie bereut."*

***„Was würden Sie heute Managern oder Geschäftsführern raten, das hilft, einigermaßen glimpflich durch eine solche Situation zu kommen?"***

*Thomas M.: „Ich hätte da zwei Tipps, die ich geben kann. Der eine ist, dass ich als Manager immer nur befristete Verträge machen würde, maximal drei Jahre. Gleichzeitig würde ich einen großen so genannten Fallschirm im Vorfeld verhandeln. Der zweite Tipp ist: Man sollte sich vorher aktiv mit der eigenen Work-Life-Balance auseinandersetzen. Ich würde keine 12, 14 Stunden pro Tag mehr arbeiten und mich abstrampeln, um dann eines Tages nach einem Herzinfarkt aufzuwachen. Das ist auch eine Frage des Alters. Ab 50 sollte man aufpassen. Erst durch die Kündigung war ich gezwungen, mich bewusst mit meiner endlichen Lebenszeit zu beschäftigen. Erst heute begreife ich, wie wichtig die Balance zwischen Privatleben und Geschäftsleben ist. Ohne diese Kündigung hätte ich das nicht realisiert und wäre wahrscheinlich eines Tages mit einem Herzinfarkt aufgewacht oder daran gestorben. Insofern war es mein Glück, freigestellt worden zu sein. Nach überstandenen Mühen kann ich heute sagen: Ich bin froh über alles das, was passiert ist. Ich bin mit mir und der Welt im Reinen."*

# 4 Im Auge des Tornados ist es ruhig und still …

Wenn Sie genauer wissen wollen, wie sich eine Kündigung tatsächlich anfühlt, begleiten Sie mich jetzt auf eine Kurzreise zusammen mit einer Managerin, der unerwartet gekündigt wird. Sie werden sehr direkt miterleben, wie es einem Menschen dabei ergeht, was im Körper, im Geist und mit der Seele passiert. Elisabeth M. *(Name geändert)*, Mitte 40, ehemalige General Managerin in einem internationalen Konzern, erzählt selbst:

*„Stellen Sie sich vor, es ist Freitagmorgen, 9 Uhr, ein sonniger Herbsttag, gefühlte 20 Grad, dunkelblauer Himmel, angenehm kühle Luft, und das Wochenende steht bevor.*

*Ich kam am Abend zuvor von einer Geschäftsreise aus Asien zurück. Voller Einsatz – 24/7, also 24 Stunden, 7 Tage die Woche, dazu Jetlag. Entsprechend erschöpft und gerädert war ich. Ein paar Tage zuvor hatte ich von der Assistentin meines Chefs per E-Mail eine Einladung zu einem Meeting für diesen Freitag bekommen – in einem Hotel. Es hatte mich schon gewundert, dass ich so kurz vor dem Wochenende in ein Hotel berufen wurde, statt sich im Büro zu treffen. ‚Der beste Kündigungstag ist doch bekanntermaßen der Montag …‘, denke ich noch … wohl einer Ahnung folgend. Das Headquarter der Firma ist im Ausland. Mein Chef kommt wie so oft extra eingeflogen. Nichts Beunruhigendes eigentlich. ‚Hätte das Meeting nicht auch Zeit bis Montag gehabt? Wieso ein Freitag? Wäre doch gar nicht nötig. Seit wann hat er es so eilig und verbringt sein Wochenende ohne seine Familie?‘, grübele ich auf meiner Fahrt dorthin. ‚Und … sonst nehme ich doch immer die Hotelreservierungen für ihn vor, bevor er einen Besuch abstattet. Seltsam …‘ Das Hotel, ein alter Kasten mit dem verblichenen Charme der 1980er-Jahre, hatte wohl seine Assistentin ausgesucht. Gelbe Wände, hohe Räume, Kristalllüster, hässlich bunte Hussen, mit gelb-roten Blumen bemalte und bezogene Couches, kleine Glastische davor, farblich passender Teppichboden, Zimmerpalmen: alles reichlich verstaubt … die Rezeption, die Einrichtung, der Concierge. ‚Schrecklich. So gar nicht mein Stil. Seit wann geht er in eine solche Absteige?‘, frage ich mich. Wie immer trage ich mein klassisches Business Outfit, das gut zu meinem Selbstverständnis als Managerin und zu meiner Position passt. Bis zu diesem Morgen. 20 Minuten später wird alles anders sein, dann steht kein Stein mehr auf dem anderen.*

*Mein Chef kommt aus dem Fahrstuhl und geht geradewegs auf mich zu. Er begrüßt mich freundlich mit Küsschen rechts, Küsschen links – wie immer. ‚Guten Morgen Elisabeth! Wie geht es Ihnen …?', säuselt er. Freudig erzähle ich ihm über die erfolgreiche Geschäftsreise, von der ich gerade zurückgekehrt bin. Es scheint ihn diesmal nicht zu interessieren. Er stellt zum ersten Mal keine weiterführenden Fragen. ‚Hmm …, etwas stimmt nicht. Ich kann es fühlen. Aber was ist es?', denke ich, während wir einen Flur entlanggehen. ‚Ein sonniger Tag heute, nicht wahr? Ich habe einen Konferenzraum für unser Meeting reserviert.', übt er sich in Small-Talk. Er scheint keineswegs nervös. Ich kenne ihn gut und hatte ihn oft genug erlebt, wenn er auf die Bühne musste, um eine Rede zu halten. Man lernt sich eben gut kennen in den Jahren der Zusammenarbeit. Ich kenne seine Mimik und den Ausdruck in den Augen, wenn er etwas nicht mag bzw. sehr mag. Doch diesmal? Nichts, neutral, fast kalt, Kühlschranktemperatur. Ruhige Gestik, ruhige Stimme, keine Mimik. Mir hätte auffallen müssen, dass er mich bei der Begrüßung diesmal nicht anschaute. Wenn Menschen etwas verbergen wollen, schauen sie weg, das heißt zur Seite. Intuitiv. Die Körpersprache lügt nie. ‚Um was geht es denn?', frage ich ihn. Keine Antwort. Im Konferenzraum angekommen, sitzt dort bereits der Personalchef an einem kleinen Tisch mit vier Stühlen. An drei Plätzen stehen Kaffee und Wasser. Der vierte Platz ist komplett frei. ‚Ach, kommt noch jemand zu dem Meeting?', frage ich und will mich gerade auf den freien Platz setzen, als er sagt ‚Nein, nein, der Kaffee und das Wasser sind für Sie! Haben wir schon organisiert.' ‚Ohne mich vorher zu fragen, ob ich überhaupt Kaffee trinken will? Was soll das denn?', denke ich. Als ob das in einem Lehrbuch stehen würde, was man tun muss, wenn man einen Manager rauswirft: Kaffee und Wasser bereitstellen. In dem Moment, als wir uns setzen und ich in die ernsten Gesichter schaue, wird mir klar, was jetzt passieren wird. Ich soll gekündigt werden. Das ist der Anlass für das Überraschungsmeeting. ‚Werden Sie mich feuern?', frage ich. Beide nicken. Das Gesicht meines Chefs mit dem so ungewohnt betont geschäftsmäßigen, kalten Gesichtsausdruck lässt mir einen Schauer über den Rücken laufen. Vor allem der Blick in seine Augen: fast unfreundlich, genervt. Manager zu feuern, mit denen man vier Wochen vorher noch gelacht und sich verabredet hatte zum Dinner, scheinen zu seinem normalen Alltag zu gehören. Ich kann es nicht begreifen.*

*Er ist ein Vollstrecker, skrupellos und gnadenlos. Zwei Gesichter hat dieser Mann. Von jetzt auf gleich und vor allem ohne Vorwarnung exekutiert er seine Manager. Das ist sein Stil. Ich hatte schon ähnliche Geschichten über ihn gehört, wie er Kollegen vor mir normalerweise feuerte. Doch wenn man es nicht selbst erlebt hat, kann man sich keine Vorstellung davon machen, wie schrecklich es in dem Augenblick tatsächlich ist. Nun erlebe ich es selbst. Der Henker sitzt vor mir und erschießt mich standrechtlich – ohne Verhandlung, ohne Gerichtsprozess, ohne Anhörung oder Verteidigung.*

*‚Wir haben beschlossen, uns von Ihnen zu trennen!' In dem Augenblick stockt mein Atem. Ich schaue ihn an, ohne jegliche innere oder äußere Regung. Nichts davon, was er sagt, dringt in diesem Augenblick in mein Gehirn oder Herz. Kein Gefühl, kein Schmerz, stattdessen innere Leere. Schock nennt man das wohl. Mein Körper erstarrt, geht in einen Totstellreflex, wie man ihn bei Tieren beobachten kann. Dieser eine Satz ist wie ein Faustschlag in meine Magengegend. Mit voller Wucht. Ich schnappe nach Luft. Atmen – wie? Bewegen – wie? Etwas sagen – was? Fliehen? Geht nicht. Zurückschlagen? Geht auch nicht. Wie zu einer Salzsäule bin ich erstarrt und schaue gleichzeitig in dieses vertraute Gesicht – voller Schrecken und ungläubig. Ich kann es nicht fassen, nicht begreifen. Doch er schaut einfach weg. Er kann mir nicht in die Augen sehen, weicht meinem Blick aus. Hier sitzt plötzlich ein Fremder, den ich noch vor 10 Minuten zu kennen glaubte und sehr zu schätzen wusste. Großer Fehler. In diesem Moment scheint alles vergessen, was es vorher an Gemeinsamem gab. Die Diskussionen, die Gespräche, die Reisen, die Konferenzen, die Dinner Partys. Ich staune noch heute, wie jemand ohne Anzeichen irgendeines Gefühls – weder in der Stimme noch in der Mimik – so als wollte er gerade etwas zu essen bestellen, sagen kann: ‚Wir werden uns von Ihnen trennen.' Mit ‚Wir' meint er die Firma, und grenzt mich damit zum ersten Mal aus. Obwohl er der CEO ist und ich an ihn direkt berichte, versteckt er sich hinter dem ‚Wir'. Ich wurde ausgestoßen. Als hätte ein Heer von Vorstandsmitgliedern sich auf das Intensivste beraten und entschieden, mich rauszuwerfen. Einfach lächerlich. Das habe ich nicht verdient. Mich so zu behandeln, hat mich zutiefst verletzt – es ist die Art und Weise, nicht die Tatsache an sich.*

*Vor meinen Augen tanzen plötzlich kleine Sterne. Alles verschwimmt. Ich schaue aus dem Fenster, doch das Sternenflimmern hört nicht auf. Und plötzlich wird alles um mich herum still. Ich höre fast nichts mehr, nicht mal mehr seine Stimme – sie ist ganz weit weg, leise. Was er sagt, höre ich nicht mehr wirklich. Ich fühle mich, als ob ich in einem hermetisch abgeriegelten Glaskasten sitze und von innen nach außen schaue. Der Glaskasten ist mein Körper, in dem ich mich wie gefangen fühle. Wie in einer Gefängniszelle. Es wird so still um mich herum, dass ich mein eigenes Blut rauschen höre. Es pocht an meinen Schläfen und mein Herz hämmert gegen den Brustkorb laut rufend: ‚Lass mich hier raus! WEG … WEG … Ich will hier RAUS!' ‚Das muss er doch hören', denke ich. Ich nehme nur noch meinen Körper wahr. Mein Gehirn, das ewige Geschnatter tausender Gedanken ist plötzlich verstummt. Es ist still. Keine Gedanken. Totale Leere. Mein Brustkorb wird immer enger. Als ob eine Eisenklammer zupackt und ihn langsam zudrückt, zuschnürt. Ich spüre tatsächlich und zum ersten Mal bewusst, wie das Blut durch die Venen schießt, und gleichzeitig befürchte ich, mein Bewusstsein zu verlieren. Alles pulsiert und vibriert. Gänsehaut und Hitze gleichzeitig. Mir wird heiß und kalt – abwechselnd. Mein Gesicht, wahrscheinlich auch rot und blass im Rhythmus. Ich kann es regelrecht fühlen und weiß zum ersten Mal in einem Leben nicht mehr, was ich tun oder sagen soll. Schockstarre, Totstellreflex. Er hat mir den Dolchstoß versetzt. Ungläubig und wie betäubt sitze ich da und schaue ihn an. Ich fühle nichts. Nichts. Keinen Zorn, keine Wut, einfach gar nichts. Draußen höre ich Vögel zwitschern, als wenn nichts passiert wäre. Die Welt dreht sich weiter … Ich kann nicht begreifen, was da gerade passiert. Dass mein bisheriges Leben plötzlich zu Ende sein soll. Nein, jetzt zu Ende ist. Blanker Schweiß tritt auf meine Stirn. An den Schläfen läuft eine Schweißperle herunter, die sich langsam ihren Weg bahnt. Ich spüre, wie sie den Hals entlang läuft, hinunter ins Dekolleté und weiter runter zum Bauch. Meine Hände beginnen zu zittern. Ich kann es nicht zurückhalten oder verbergen. Um mich herum dreht sich alles. Krampfhaft halte ich mich an meinem Stuhl fest. ‚Hoffentlich kippe ich nicht um und hoffentlich ist diese Tortur hier gleich vorbei!', denke ich zu ersten Mal wieder. Ich will, dass es aufhört, dass ich aufwache aus diesem Albtraum. Eine gefühlte Ewigkeit verstreicht. Tausende Gedanken bahnen sich jetzt erst ihren Weg. ‚Was passiert hier gerade? Das ist jetzt alles nicht wahr. Was hab ich falsch gemacht? Warum? Was ist der Grund? Das habe ich nicht verdient, nach allem, was ich für ihn und die Firma getan habe. Weshalb ist er so kalt und grausam mir gegenüber? Das war er doch noch nie. Wie verdiene ich denn jetzt mein Geld?' Ich bin in meinen Grundfesten erschüttert und grenzenlos traurig. ‚Wo soll ich denn jetzt hingehen? Ich bin ganz allein! Es dauert ewig, bis der unsägliche Satz ‚Wir werden uns von Ihnen trennen' zu mir durchsickert und ich begreife. Endlose, qualvolle Minuten. Wahrscheinlich waren es nur ein paar Minuten, aber es war eine gefühlte Ewigkeit. Ich weiß es nicht mehr. Es ist eine Folter. Ein stechender Schmerz in der Herzgegend. Es tut so unvorstellbar weh. Dann der einzige Satz, den ich sagen kann: ‚Das habe ich nicht verdient!' Und dann breche ich zusammen. Tränen, die nicht mehr aufhören wollen. Ich zittere am ganzen Körper. Es schüttelt mich durch, als würde mich jemand an der Schulter packen und durchrütteln und sagen: ‚Wach endlich auf!'*

4

*‚Hier müssen Sie unterschreiben, dass Sie die Kündigung erhalten haben. Hier unten ... !‘ Seine Stimme reißt mich raus aus meiner Gedankenwelt. ‚Das heißt nicht, dass Sie damit einverstanden sein müssen. Nur erhalten!‘ Mit harter Stimme kommandiert er mich, und versucht wohl auf diese Art, die Kontrolle über mich und die Situation zurückzugewinnen. Mit meiner Reaktion hat er nicht gerechnet. Ich funktioniere eben nicht mehr so professionell, wie er es sonst von mir gewohnt ist. Er hat vergessen, dass hier ein Mensch sitzt und nicht ein Maschinenwerkzeug, das ausgemustert wird. Doch das ist die Art, wie er die Kündigung von Managern abwickelt. Das hat mit Menschlichkeit, Fairness und vorbildlichem Führungsverhalten nichts mehr zu tun. Ich unterschreibe, was ich heute im Nachhinein betrachtet nicht hätte tun dürfen. Man darf in solchen Situationen in keinem Fall ein Dokument unterschreiben, das nicht vorher von einem Anwalt geprüft worden ist. Dass ich es wider besseren Wissens trotzdem tue, zeigt, wie wenig ich auf die Situation gefasst war, und wie wenig man in dem Moment die volle Klarheit des Verstands besitzt, um richtig zu handeln.*

*Ich hatte nicht erwartet, dass dieser Mann, den ich wirklich gern mochte, mich so täuschen konnte. Kein persönliches Wort mehr. Kein Wertschätzung, kein Respekt, kein Mitgefühl. Eine Erklärung gibt es auch nicht. Keinen sachlichen Grund, den ich hätte nachvollziehen können.*

*Ich weiß nicht, weshalb er mich gefeuert hat. Alles, was er sagt, ist in nebulöse Worte gepackt. Ich verstehe gar nichts. Als ich unterschreibe und in seinen erleichterten Gesichtsausdruck blicke, wird mir sofort klar: ‚Das war ein Fehler.‘ Er muss sich dank dieser Unterschrift jetzt nicht mehr mit mir beschäftigen. Er kann sofort weiter agieren, das heißt den Nachfolger offiziell benennen und zurück zur Tagesordnung übergehen. Den Rest werden allein die Anwälte machen. Wie immer ‚Business as usual‘. Für mich jedoch bricht eine Welt zusammen und natürlich auch mein Vertrauen in professionelle und integre Führung. Ich habe mich oft gefragt, weshalb er nicht schon früher mit mir sprach, als es scheinbar Probleme gab, die mir nicht bewusst waren? So hätte ich wenigstens eine Chance bekommen, sie zu korrigieren. Doch nichts dergleichen war passiert. Führungsstärke zeigt sich in meinen Augen immer dann, wenn es Probleme gibt, und nicht, wenn alles in Ordnung ist. In einer heilen, erfolgreichen Businesswelt können ja alle führen, selbst die Dümmsten. Die wirklich fähigen Manager zeigen sich erst in Krisensituationen. Vielleicht lagen die Gründe ja auch ganz woanders. Als ich das Ausmaß meines Rauswurfs begreife, stirbt alles in mir, was ich ihm an Loyalität und Vertrauen entgegengebracht hatte. Sein nächster harscher Satz: ,Sie fahren jetzt nicht mehr ins Büro zurück, sondern sind ab sofort freigestellt. Sie können heute Abend, wenn alle Mitarbeiter weg sind, vorbeikommen und Ihre privaten Sachen packen und abholen.' ,Darf ich mich nicht mal mehr von meinen Mitarbeitern oder unseren Kunden verabschieden?', frage ich ihn ungläubig. ,Gibt es auch keine gemeinsame Kommunikation über meinen Weggang? Was ist mit einem Auflösungsvertrag?' ,Nein. Nichts dergleichen. Auch keine Outplacement-Beratung oder so einen Quatsch. Im Übrigen geben Sie uns jetzt sofort Ihr Handy und natürlich auch das Laptop!'. Schon wieder dieses ,Wir'. Allmächtig und im Kommandoton herrscht er mich an. Wie eine Schwerverbrecherin behandelt er mich. Fehlt noch, dass er mir Handschellen anlegt. Bei jemandem, der sowieso schon in die Knie gegangen ist, noch zuzutreten, ist das Allerletzte. So darf man einen Menschen, dem man jahrelang vertraut hat, nicht behandeln. Ich hatte mir nichts zu Schulden kommen lassen. Wo waren seine Werte geblieben? Sein Verhaltenskodex, den er immer so gerne predigte? Ich spüre Panik in mir aufsteigen. Was sollte ich ohne mein Handy tun? Ich habe weder ein zweites Telefon noch ein zweites Laptop zuhause, in dem alle privaten Telefonnummern gespeichert sind. Zweiter großer Fehler. Ich kenne noch nicht einmal die Telefonnummer von meinen engsten Freunden auswendig oder die meiner Familie.*

*In dieser inneren Leere und im Schockzustand verharrend kommt irgendwoher mein Verstand mit klaren Anweisungen wieder zurück. Wer auch immer mich jetzt in meiner allergrößten Not steuert, weiß ich nicht. Doch mit einer festen Stimme schieße ich sofort zurück: ,Das Handy gebe ich nicht ab!', werfe es zur Sicherheit in meine Handtasche und schaue ihm direkt in die Augen, ruhig und bestimmend. Er würde sich nicht trauen, in meine Handtasche zu greifen, um das Telefon herauszuholen. ,In dem Telefon sind alle meine privaten Nummern gespeichert, die ich erst übertragen und dann löschen muss. Und das dauert.' Mit dieser Antwort hat er nicht gerechnet. Ich sehe es ihm an. Zum zweiten Mal ist er hilflos und so langsam bekomme ich wieder die Kontrolle über mich und die Situation. Er hatte sich offenbar alles perfekt ausgemalt, doch meine Reaktion stand nicht in seinem Exekutionsplan. Er wieder: ,Sie geben das Handy jetzt ab! Keine Diskussion. Sie haben doch sicher die Adressen noch woanders abgespeichert'. ,Nein!', antworte ich ihm jetzt ebenso harsch zurück. ,Hab ich nicht. Ich werde Ihnen das Handy nicht geben.' Ich habe inzwischen jeglichen Respekt vor ihm verloren und so langsam werde ich sauer. Wenn er es mir mit Gewalt wegnehmen will, dann gibt es richtig Ärger, dann zeig ich ihn an, denke ich. ,Und was schlagen Sie jetzt vor?', schnauzt er mich sichtlich genervt an. ‚Ich schlage vor, dass ich in den nächsten Telefonladen gehe, mir ein neues Handy und eine neue SIM-Karte kaufe und die Adressen dann transferiere.' ‚Und wie wollen Sie dann die privaten Adressen von den geschäftlichen trennen?', äußert sich der Personalchef zum ersten Mal. So eine bescheuerte Frage. Geht doch gar nicht. Er hat offenbar keine Ahnung von Telekommunikation. Dass er dringend das Handy in Besitz nehmen will, ist mir klar. Weniger sind es Kostengründe, als dass er mich von den Geschäftspartnern und Kunden abschneiden will, deren Kontaktdaten alle in diesem Handy gespeichert sind. ‚Gar nicht, das geht gar nicht!', antworte ich ihm. ‚Ich fahre jetzt in den nächsten Laden und bringe Ihnen heute Abend das Telefon ins Büro zusammen mit dem Laptop'. ‚Darüber muss ich erst mal nachdenken', sagt mein Ex-Chef und geht zusammen mit dem Personalchef raus. Zehn Minuten lassen sie mich allein im Konferenzraum sitzen. ‚Okay!', meint er, als sie zurückkommen. ‚Dann gehen wir aber mit in den Telefonladen. Am besten Sie fahren gleich bei uns im Auto mit.' Unfassbar: zwei Top-Manager wollen mit mir in den Telefonladen und ein Handy kaufen. Wie lächerlich ist das denn? Immerhin, ich habe etwas Zeit gewonnen und meine privaten Adressen sind nicht ganz verloren. Es gab einen Ausweg aus der misslichen Lage. ‚Ich werde in keinem Fall mit Ihnen im Auto mitfahren. Ich fahre selber!', entgegne ich ihm, nehme meine Handtasche und verlasse den Konferenzraum. ‚Und wo treffen wir uns jetzt? Wo ist der Telefonladen?', fragen sie, während sie hinter mir her laufen. Ich erkläre es kurz und suche die Hotelgarage. Es dauert eine Weile, bis ich sie und mein Auto wiederfinde. Ich bin völlig durcheinander, irre umher und kann mich einfach nicht mehr erinnern, wo ich den Wagen geparkt hatte. Für einen Augenblick spiele ich mit dem Gedanken, meinen Ex-Chef auflaufen zu lassen und einfach zu verschwinden. Er hätte nichts dagegen machen können. Doch dann siegt meine Vernunft und ich treffe die beiden Manager in dem Telefonladen. Sie stehen schon da und warten bereits auf mich. Er mit dunkler Sonnenbrille. Lächerlich. Sonnenbrille – in einem Einkaufszentrum ohne Sonne. Ich hasse ihn in dem Augenblick, wie man einen Menschen nur hassen kann. Keiner würdigt den anderen mit einem Blick oder sagt etwas. Ich will am liebsten nur weg. Natürlich klappt es nicht mit dem Transfer der Daten von meinem alten auf ein neues Handy. Das kann nur ein Experte über einen PC, und dieser Experte in dem Telefonladen hat an diesem Tag frei. Da stehen sie nun, mein Ex-Chef und der Personalchef, betont cool und direkt hinter mir, während ich mit dem Verkäufer rede. Ich mit roten Augen und mit Streifen schwarzer Wimperntusche auf meinem Gesicht. Es ist mir egal. Der Telefonverkäufer schaut zuerst verwundert mich an, dann die beiden, dann wieder auf mich. Drei Personen stehen vor ihm, einer mit dunkler Sonnenbrille wie ein Mafioso, und das alles wegen dieser Banalität. Irgendwann checkt er, was sich da gerade vor ihm abspielt. Eher mitleidig meint er schließlich zu mir, dass ich doch am Montag wiederkommen solle. Dann würde er mir gerne helfen. Die einzig freundliche Stimme bisher an diesem Tag. Ich muss verneinen. ‚Und jetzt?‘, fragt der sonst um keine Antwort verlegene Ex-Chef. Er ist wieder überfordert. ‚Ich sagte es Ihnen doch. Lassen Sie mich in Ruhe alles abwickeln und geben Sie mir die Zeit bis heute Nachmittag. Dann bekommen Sie alles zurück. Im Übrigen bin ich nicht kriminell oder hab sonst etwas verbrochen. Wenn Sie Angst haben, dass ich jetzt alle Geschäftspartner und Kunden anrufe und denen erzähle, was Sie gerade mit mir hier machen, dann kennen Sie mich wirklich schlecht. Daran habe ich kein Interesse. Im Übrigen bin ich sowieso bereits mit allen vernetzt über Facebook oder LinkedIn. Ein Klick, und alle wissen Bescheid. Das könnten Sie gar nicht verhindern, wenn ich es tun wollte. Auch ohne Telefon. Im Übrigen kann mich der Systemadministrator jederzeit und sofort abschalten und den Zugang blockieren.‘ Daran hat er offenbar noch gar nicht gedacht. Ich bin wütend über so wenig Souveränität, Professionalität und das Theater, das die beiden aufführen. ‚Also gut. Dann machen wir es so. Seien Sie um 17 Uhr im Büro. Ich erwarte Sie dort.‘ Und so trennen wir uns. Eine halbe Stunde später ist mein E-Mail-Account gesperrt. Ich kaufe ein neues Handy, eine neue SIM-Karte, und lösche sämtliche Daten, die ich auf dem Firmenhandy gespeichert hatte. Um 17 Uhr gehe ich ins Büro. Niemand ist mehr dort außer den beiden Herrschaften. Ich räume in kürzester Zeit auf und packe ein, während beide fröhlich lachend im Konferenzraum sitzen und sich unterhalten. Das mit anhören zu müssen, tut ebenfalls weh. So wenig Stil und Feingefühl habe ich nicht vermutet. Ich packe meine privaten Sachen in einen kleinen Karton. Mehr hat man ja meistens nicht im Büro. Dann gehe ich, ohne mich zu verabschieden. Er läuft noch hinter mir her: ‚Ich wollte mich noch von Ihnen verabschieden …‘. ‚Wir werden uns sicher nicht mehr wiedersehen, doch ich wünsche Ihnen ein schönes Leben!‘, ist meine zornige Antwort, drehe mich um, steige ins Auto und fahre weg. Im Rückspiegel sehe ich noch, wie er stehen bleibt und mir nachschaut. Den wahren Grund der Kündigung kenne ich bis heute nicht. Ich kenne allerdings Gerüchte und vertrauliche Informationen, die mir zugespielt wurden, und die haben nichts mit meiner Leistung als Managerin zu tun.*

*Nun ja, das ist meine Geschichte. Ich wünsche nicht mal meinem ärgsten Feind, derart demütigend, respektlos, ohne Wertschätzung und Mitgefühl behandelt zu werden. Mit einem Fußtritt einfach vor die Tür gesetzt zu werden, das verdient niemand."*

Welche direkten Effekte eine Kündigung auf Körper, Verstand, Seele und Emotionen haben kann, zeigt die Kündigungsgeschichte von Elisabeth. Ich bin sicher, dass jeder Internist, Neurologe und Psychologe diese Beschreibungen den entsprechenden medizinischen Fachbegriffen zuordnen und deren Folgen für Körper, Geist und Seele erklären kann.

# 5 Innerhalb von Sekunden wird sich Ihr Leben dramatisch verändern …

Wenn man unerwartet gekündigt wird, so wie es mit Elisabeth geschah, fällt man innerhalb von Sekunden in eine Art Schockstarre. Diese Schockstarre, auch Totstellreflex genannt, ist eine der drei unbewussten Reaktionen, wenn wir uns in einer lebensbedrohlichen Lage wiederfinden und weder fliehen noch kämpfen können, um uns daraus zu befreien.

Dieser Zustand der Schockstarre kann Tage anhalten, doch die wirklichen Probleme kommen erst danach, denn ein weiterer Faktor erschwert bei den meisten Managern die Verarbeitung, und das ist der gesundheitliche Zustand im Moment der Kündigung: Wenn man wie Elisabeth innerhalb von zwei Jahren lediglich zwei Wochen Urlaub macht und eine 70- bis 80-Stunden-Woche die Normalität ist, ist das nicht gesundheitsförderlich.

Trotz dieses theoretischen Wissens verbrachte auch ich zu viele Nächte mit Arbeit statt mit Schlaf. Mein Adrenalinspiegel war in diesen Jobs so hoch, dass ich nachts wenig bis überhaupt keinen Schlaf mehr brauchte. Das hält kein Mensch lange durch. Als mir damals gekündigt wurde, war ich bereits von Tinnitus und Schlaflosigkeit geplagt und derart erschöpft, dass der Rauswurf mein Fass zum Überlaufen brachte und ich in einer Klinik landete.

Die Monate nach der plötzlichen Kündigung waren in jeder Beziehung und auf jede Art und Weise eine offenbar notwendige Marter, um zu begreifen. Letztlich hat sie mich zu mir selbst und der Erkenntnis meiner ureigenen Bedürfnisse und Wünsche zurück gebracht. Wer will ich sein, was will ich tun, mit wem und wo, waren die Fragen, denen man sich stellen muss. Ich bin heute froh darüber, dass alles so gekommen ist, sonst hätte ich wohl längst einen Herzinfarkt oder Schlaganfall gehabt.

Nichtsdestotrotz blieb es mir nicht erspart, mich für eine lange Zeit einsam, zornig und traurig zu fühlen über das, was passiert war, über die empfundene Respektlosigkeit, die fehlende Wertschätzung meiner Leistungen und die mangelnde Fairness, mit der ich mich behandelt fühlte. Schiere Existenzängste wechselten sich ab mit Schuld- und Versagensgefühlen und Verzweiflung. Fragen über Fragen tauchten auf, für die es zu keinem Zeitpunkt Antworten gab. Völlig überwältigt, als hätte ein Bus auf mir gewendet, betrachtete ich unbeteiligt die Welt und ihr tägliches Geschehen, nahm sie wie durch eine Watteschicht wahr. Alles war leise, und alle schienen sich irgendwie in Zeitlupe zu bewegen. Zwischendrin drückte irgendwer immer mal wieder in meinem eigenen Kopf-Kino die Taste „Schnell-Rücklauf". Derselbe Film wurde immer wieder gespielt — mit denselben Hauptdarstellern und immer an denselben Orten. „Und ewig grüßt das Murmeltier!" Ich merkte nicht, wie schnell die Tage verrannen, wenn ich stundenlang aus dem Fenster starrte und alles x-mal rekapitulierte — erstarrt — physisch, mental und emotional. Totale Erschöpfung, Burn-out-Symptome Tinnitus und post-traumatische Belastungsstörungen waren die Diagnose.

Das Gefühl der Wertlosigkeit stieg an während der Wochen, die vergingen. Das Selbstvertrauen sank in dem gleichen Maße ab, wie die Selbstzweifel stiegen. Ich zog mich immer mehr zurück in mein Schneckenhaus und hielt Kontakt mit nur wenigen Menschen. Ihr Mitgefühl, ihr Verständnis und ihre Zuneigung halfen mir über das Schlimmste hinweg. Ich entschied damals, dass ich erst mal gesund werden musste und verschwand für einige Wochen komplett von der Bildfläche. Ich fuhr weg. Dorthin, wo mich niemand kannte. Dies war die beste Entscheidung, die ich zu diesem Zeitpunkt treffen konnte. Das weiß ich heute, im Nachhinein. Meine engsten Kontakte reduzierte ich auf drei Freunde, die über alles Bescheid wussten und sich ungefragt um mich kümmerten, sowie auf meinen Arzt und meinen Rechtsanwalt, der die juristischen Angelegenheiten regelte. Ich war ein körperliches und seelisches Wrack und selbst zu nichts mehr in der Lage. Meine sonst nie versiegende große Kraft und positive Energie waren im Nirgendwo verschwunden. Die totale emotionale Leere wurde stattdessen mein Begleiter. Mir war gar nicht klar, dass es so etwas gibt, dass man nichts mehr fühlt. Nichts mehr fühlen zu können, wie betäubt weder Schmerz noch Verzweiflung, weder Trauer noch Wut, weder Zuneigung noch Liebe, ist merkwürdig und doch eine Art Schutzmechanismus. Oft genug wünschte ich mir, einfach auswandern zu können, in ein anderes Land, irgendwohin, wo ich einfach von vorne und neu beginnen konnte. Dies schien mir die Erlösung. Jedoch wurde mir dann bei näherem Nachdenken klar, dass man sich selbst überallhin mitnimmt. Davonlaufen ist nicht möglich. Ich war zudem krank geworden, allein und ohne ärztliche Hilfe nicht mehr in der Lage, gesund zu werden. Sofort einen neuen Job zu suchen und in die Management-Welt zurückzugehen, war für mich keine Möglichkeit.

Viel wichtiger in dem Moment war die Suche nach einer Antwort auf die Frage, was ich gegen die emotionalen Qualen, die Trauer, die schrecklichen Erinnerungen und die grenzenlose Erschöpfung tun konnte. Wenn man sich ein Bein bricht, wird es gegipst und geschient, man bekommt Medikamente gegen die Schmerzen, und nach ein paar Wochen ist der ganze Spuk vorbei. Doch gegen ein Trauma, das die Erinnerungen immer wieder hochholt, gibt es keine Schienen oder Medikamente, die heilen können. Mir half der Schlaf. Wie im Koma schlief ich jede Nacht 10, manchmal 12 Stunden, manchmal noch länger, ohne aufzuwachen. Mein Körper holte sich all den Schlaf zurück, den ich ihm vorher jahrelang entzogen hatte. Kompletter Rückzug auch tagsüber war meine Reaktion auf das, was mit mir geschah. Kein Licht, keine Sonne, keine Gespräche konnte ich ertragen. Nach 10 Wochen totalen Rückzugs und der Einsicht, dass ich professionelle Hilfe brauchte, begab ich mich schließlich in die Hände von Personal Coaches aus unterschiedlichen fachlichen Richtungen. Mein Personal Coaching dauerte sechs Monate, doch es half mir, Schritt für Schritt wieder in die Welt zurückzukehren. Rückblickend betrachtet ist mir klar: darüber zu sprechen, das Geschehene aus unterschiedlichen Perspektiven zu betrachten und die Lektionen zu lernen, die es daraus zu lernen gibt, ist ein Heilungsprozess, der notwendig ist und passieren muss.

## 5.1 Das Kündigungstrauma

Das Kündigungstrauma macht leider vor niemandem halt. Laut Definition von Erwin Kaiser, Psychologe, Trauma-Therapeut und Homeopath in Zürich, ist ein Trauma ...

> *„ein nicht aufgelöstes Erlebnis, das durch eine lebensbedrohliche Situation ausgelöst wurde. Wobei die lebensbedrohliche Situation nur subjektiv als solche erlebt sein kann. Oft ist es sogar der Fall, dass eine Situation in der rückwirkenden subjektiven Einschätzung nicht als lebensbedrohlich erachtet wird und trotzdem treten später typische Trauma-Symptome auf. Oder der Betroffene denkt das Ereignis sei schon lange erledigt und verarbeitet und 3 Jahre*

*später stellen sich Trauma-Symptome ein. Die Person leidet beispielsweise seit einigen Monaten an Nervosität, Schreckhaftigkeit, und immer wieder an Herzrasen. Kleinere relativ unbedeutend erscheinende Ereignisse können längst vergessene traumatische Geschehnisse reaktivieren, so dass die Symptome erst durch dieses letzte Ereignis beginnen. Ein einziges kleineres Ereignis am Ende einer Kette kann das Fass zum Überlaufen bringen. Begünstigt wird dies durch die Tatsache, dass der Handlungs- und Reaktionsspielraum einer Person durch jedes traumatisierende Ereignis immer kleiner wird. Ebenso wird der Zugang zum Körperempfinden dem Inneren Erleben immer mehr abgeschnitten".*

*(www.traumaheilung.ch)*

Eine Kündigung ist eine subjektiv empfundene lebensbedrohliche Situation, wenn sie unerwartet geschieht. Schließlich stehen die eigene Existenz und die der Familie auf dem Spiel. Ohne zu begreifen, was passiert ist, taucht in dem Moment die einzig mögliche Reaktion auf, die in unserer Natur seit der Steinzeit in unserem Reptiliengehirn verankert ist: eine Art Schockstarre bzw. Totstellreflex. Flucht oder Angriff ist zwar möglich, beide kommen aber durch unsere Erziehung und Konditionierung als Alternative selten in Frage. Dazu gesellen sich Ohnmachtsgefühle, und Ihr Körper macht Dinge, die Sie zwar wahrnehmen, aber nicht steuern können — wie z. B. erhöhter Puls und Herzrasen, Schwindelgefühle, Schweißausbrüche, Zittern, Orientierungslosigkeit, die Stimme versagt etc.

Zu glauben, rationales, professionelles, strategisches Denken und (Ver-)Handeln sei in einer solchen Situation trotzdem möglich, ist ziemlich abwegig. So haben wir tatsächlich in den ersten Wochen und Monaten nichts wirklich im Griff, was im Zusammenhang mit der Kündigung steht. Stattdessen versuchen wir zornig, wütend, emotional verletzt alles das zu erledigen, was es zu erledigen gilt, ohne jedoch wirklich zu verstehen, weshalb wir das jetzt alles tun müssen und für wen.

Ein weiterer Aspekt ist für Außenstehende nur schwer nachzuvollziehen: Da ist die Leere, die nach einem vormals vollen Terminkalender folgt. Sie ist genauso schwer auszuhalten wie die plötzliche Einsamkeit. Das klingt vielleicht für einige nach „Meckern auf hohem Niveau" – ist es aber bei weitem nicht. Diese schmerzliche Erfahrung macht man in dem Moment der Kündigung und dann Tag für Tag, über Wochen hinweg. Und als wenn das alles noch nicht genug wäre, wird man zusätzlich auch noch zur Persona non grata degradiert – nicht nur von dem ehemaligen Arbeitgeber, den Kollegen und Mitarbeitern, sondern auch in der Gesellschaft, in der man sich bis dato bewegt hat. Der lockere und stets zu Partys aufgelegte Freundeskreis ist in Wirklichkeit gar keiner, stellen Sie dann plötzlich fest. Ihre so genannten Freunde waren ausschließlich an Ihrer Manager-Position und Ihrem entsprechenden Einfluss interessiert. Doch Sie sind jetzt nicht mehr wichtig und werden fallen gelassen. Es kann sich auch eine Depression entwickeln.

Nur wenn Sie rechtzeitig die Anzeichen der Kündigung im Vorfeld sehen und als realistisch in Betracht ziehen, dann können Sie sich entsprechend vorbereiten.

## 5.2 Wissenschaftliche Nachweise

Die Effekte einer Kündigung wissenschaftlich nachgewiesen hat Charles Meyer, ein Organisationspsychologe. Zusammen mit der Universität Hagen hat er an einer Studie gearbeitet, die sich mit gekündigten Managern befasst. Die Auswirkungen von Kündigungen hat er in seinem Buch „Die faire Kündigung" (2009) sehr anschaulich beschrieben. Hier eine kurze Zusammenfassung dessen, die zeigt, was in einem Menschen passiert, dem plötzlich gekündigt wurde:

1. Die Situation ist überraschend
2. Sie ist lebensbedrohlich
3. Es ist keine Flucht möglich
4. Man kann sich nicht wehren
5. Niemand kommt zu Hilfe
6. Der Betroffene ist komplett ausgeliefert und hat kein Repertoire, die Situation zu entschärfen oder zu bewältigen.

Laut der Studie von Charles Meyer kann ein Mensch nach einer Kündigung folgende traumatische Symptome zeigen:

- Anhaltende Verwirrung
- Fragmentierte Erinnerung
- Anhaltender Energiemangel
- Körperliche Symptome des vegetativen Nervensystems (Probleme im Bereich Magen, Herz, Kreislauf, Schlaflosigkeit, Kopfschmerzen usw.)

Dass diese Symptome auftauchen werden, begreifen wir nicht in dem Moment und in den Tagen und Wochen danach. Wir erkennen sie nicht, da wir nicht darin geschult sind. Wir glauben, wir sind normal. Wir verstehen erst im Nachhinein, in der Rückschau, dass wir verwirrt waren und der anhaltende Energiemangel sowie die körperlichen Beschwerden ursächlich mit der Kündigung zu tun hatten. Kein Manager, den ich darauf ansprach, wusste, wie mit diesen Symptomen umzugehen sei, denn entsprechende Bewältigungsstrategien kennen wir nicht.

Was tun wir jedoch stattdessen? Sämtliche Gedanken und Gefühle werden weggeschoben, verdrängt. Wir treten sofort in Aktion. Das heißt, wir rufen Personalberater an, verschicken unzählige Lebensläufe in allen Sprachen, die sie beherrschen, und an jeden potenziellen Interessenten. Wir checken täglich Stellenausschreibungen, reaktivieren unsere Netzwerke im In- und Ausland, und zeigen uns auf allen wichtigen und unwichtigen Events. Das sind von großer Angst begleitete Reaktionen, es herrschen Existenz- und Versagensängste, und wir sorgen uns um die Familie und unsere Finanzen.

Die Betroffenen vermuten, dass der Moment der Kündigung der schlimmste Moment ist, der Höhepunkt des Dramas, und hoffen, dass es danach wieder bergauf geht. Dem ist leider ist nicht so. Die Erinnerungen an den erlebten Moment der Kündigung bleiben für eine lange Zeit bestehen. Bei den meisten Menschen dauert es viele Monate, bis die Flash-Backs, die Gedanken, Gefühle und Erinnerungen abgeklungen sind, und man genug Abstand hat, das Erlebnis aus der Distanz heraus zu betrachten und als Lernlektion zu verstehen. Kündigungen haben unzweifelhaft Auswirkungen auf unsere Emotionen und unsere Psyche. Auch Manager und Mitarbeiter, die glauben, dass der unfreiwillige Rauswurf ihnen emotional und physisch nichts ausgemacht hat, sind daher gut beraten, sich trotzdem mit diesem Thema auseinanderzusetzen und darüber zu sprechen.

Der Psychologe und Traumatherapeut Erwin Kaiser dazu:

> *„Die traumatischen Ereignisse sitzen tief in unserem Organismus, weil sehr archaische Strukturen unserer inneren Biologie daran beteiligt sind. Daher ist es notwendig, mit diesen inneren Strukturen zu arbeiten".*
>
> *(www.traumaheilung.ch)*

**TIPP**

**Holen Sie sich zur Unterstützung einen professionellen Coach oder Therapeuten an Ihre Seite. Darüber zu reden, ist der Schlüssel zur Gesundwerdung auf den Ebenen Körper, Geist und Seele. Verdrängen Sie das Kündigungserlebnis nicht.**

Die Psyche vergisst nichts und sucht sich sonst andere Wege, den Schmerz auszudrücken. Ohne Coaching oder Therapie wird die erfolgreiche Fortsetzung in einem neuen Job zudem erschwert, weil unsere Emotionen und unser Verhalten immer noch durch das Kündigungstrauma geprägt sind. Das heißt, wir verhalten uns künftig in einem neuen Job bzw. Unternehmen anders, um uns vor der Wiederholung einer solchen Situation zu schützen.

## 5.3 Die Reaktionen der Außenwelt

Ein weiterer, sehr wichtiger Aspekt des Rauswurfs aus dem Job liegt in der Reaktion der Außenwelt. Nicht nur der Betroffene setzt sich mit dem Geschehenen auseinander, auch andere Menschen tun das. Menschen, die man gut kennt: Familie, Freunde und Bekannte. Das kann Beziehungen belasten. Es wird geredet und weitererzählt auch an solche, die es nicht unbedingt zu wissen brauchen. Man wird ungewollt zum Mittelpunkt von Meinungen, Vorurteilen, Vermutungen, Gesprächen, Gerüchten, Klatsch und Tratsch. Parallel dazu müssen wir uns mit der dringend anstehenden Existenzfrage beschäftigen. Dazu stellt man selbst bzw. irgendjemand aus dem engeren Kreis jeden neuen Tag die immer gleiche Frage „Wie soll es weitergehen?“. Das hält sich so für Wochen, so lange bis man eine Geschichte erfindet, damit erst mal Ruhe ist und man sich wieder konzentrieren kann. Zusätzlich erschwerend bei der Ver- und Bearbeitung ist die Kontaktaufnahme von ehemaligen Kollegen und Mitarbeitern, die einem detailliert und haargenau erzählen, was, wie und warum passiert ist, wer noch gefeuert wurde, wie gut es dem Ex-Chef geht etc. Man ist mehr oder weniger gezwungen, sich all das anzuhören, was man in Wirklichkeit nicht mehr hören will, weil man sonst mit all dem nicht abschließen kann.

Menschen, die sich mit mir solidarisieren wollten, meldeten sich, schrieben E-Mails, Briefe, Karten, hinterließen Nachrichten auf Mailboxen und schickten sogar Blumen. Ich fühlte mich so, als sei ich gerade gestorben. Ich erlebte meine eigene Beerdigung live mit und las, wie ich betrauert wurde. Von vielen freundlich und tröstend gemeint, unterstützt diese Trauerverarbeitung anderer wenig. Letztlich hilft es primär den Ex-Kollegen und Ex-Mitarbeitern selbst, das Geschehene zu verarbeiten. Die Ablösung und Distanzierung von dem Umfeld verlängert sich dadurch jedoch für den Gekündigten zeitlich und wird schwerer, weil es länger dauert.

Ein zusätzliches Kapitel des Albtraums Kündigung beginnt: die Tabuisierung und die Stigmatisierung des Gekündigten. Stellen Sie sich vor, Sie sitzen mit Ihrem Gesprächspartner in einem Restaurant. Auf die Frage „ ... Und was machen Sie beruflich?!“, erzählen Sie Ihre Geschichte. Von vielen Interview-Partnern weiß ich, dass viele Menschen daraufhin plötzlich zurückhaltend reagieren. Vorher noch sehr interessiert, schauen sie sich nach rechts und links um und beginnen zu flüstern, damit niemand hört, welchen Inhalt das Gespräch hat. Es ist ein sehr unangenehmes Gefühl, plötzlich flüstern zu müssen. Und wie auf ein geheimes Zeichen, hören alle anderen Gäste im näheren Umfeld auf, weiter zu sprechen. Sie unterbrechen ihr Gespräch und man sieht, wie sie die Ohren förmlich spitzen bzw. ihre Körper uns zuwenden, sich mehr und mehr über den Tisch lehnen, um hören zu können, über was man gerade spricht. Menschen sind neugierig. In solchen Momenten kann man sprichwörtlich die Stecknadel fallen hören. Zudem wird meist schnell offensichtlich, wie peinlich dem Gesprächspartner das Thema ist. Das Gespräch wird dann irgendwie schwierig und sehr unentspannt. Es bleibt dann nur ein rascher Themenwechsel. Wenn Menschen wüssten, wie verletzend diese mit Vor-Urteilen behafteten Verhaltensweisen sind! Über unfreiwillig Gekündigte werden gerne folgende Kommentare abgegeben:„ ... hat die Leistung wohl nicht gebracht“ oder „der hat bestimmt fette Fehler oder was Schlimmes gemacht sonst wäre er nicht so hinausgeworfen worden“ oder „irgendwas wird an den Gründen bzw. Vorwürfen schon dran sein ...“ und so weiter. Diese Meinungen über Gekündigte sind mir leider sehr oft zugetragen worden. Der Phantasie sind hier keine Grenzen gesetzt. Werden diese Gedanken dann auch noch laut in Gegenwart anderer ausgesprochen bzw. verstohlen hinter dem Rücken des Gekündigten, wird zusätzlich noch die Reputation des Betroffenen ruiniert – ohne selbst nur einen Funken der Wahrheit, der Wirklichkeit, zu kennen. Das geht sogar soweit, dass mir völlig unbekannte Personen in einem Restaurant herablassende Blicke zuwarfen, in einem Maße, dass ich nur staunen konnte über so viel Unverfrorenheit.

Als Betroffener ist man ohnehin bereits extrem sensibilisiert für jede Stimmung und Stigmatisierung der eigenen Person, zusätzlich muss man dann auch noch solche Blicke und Kommentare selbst ernannter Kritiker und Richter aushalten. Es ist wie bei einer Hexenjagd. Als Gekündigter haben Sie keine Chance zu reagieren, ohne sich in den Augen der so genannten „Gesellschaft“ schuldig zu machen. „Wer sich verteidigt, klagt sich an!“, lautet ein altes Sprichwort.

Etwas, dass die Verarbeitung zusätzlich noch verlängert, ist die eigene Wahrnehmung. Zum Beispiel kann man sich dem Ort nicht entziehen, an dem man vorher gearbeitet hat. Wenn man nicht gleich die Stadt verlässt bzw. gar auswandert, ist es oftmals unvermeidbar, die gleichen Plätze und Straßen zu befahren, auf denen man früher ins Büro fuhr. Plötzlich sind diese Straßen und Plätze mit der negativen Erinnerung der Kündigung behaftet. Das gleiche gilt für Restaurants und Hotels oder wenn ich Manager in der Mittagspause auf der Straße sehe. Dann ist sofort die Erinnerung zurück. Selbst die Business-Outfits im Kleiderschrank erinnerten mich an wichtige Situationen im ehemaligen Job, bis ich sie allesamt in die Altkleidersammlung gab bzw. verschenkte. Sämtliche Produkte des ehemaligen Unternehmens landeten ebenfalls im Mülleimer. Dieser Akt ist ein wichtiger Befreiungsschlag, um seinem Zorn nachzugeben und sich Luft zu verschaffen – jedenfalls im Kleinen.

Es dauert eine Weile, bis sich die Sichtweise auf diese Dinge wieder ändert. Bei einer Kündigung werden Emotionen verletzt, fast so, als hätte sich ein geliebter Menschen von einem getrennt. Selbst der eingangs zitierte CEO M. Drexler empfindet noch nach Jahren den gleichen ohnmächtigen Zorn.

## 5.4 Emotionen nach einer Kündigung – ein Überblick

Nach einer Kündigung beginnt eine emotionale Achterbahnfahrt. Man kann die einzelnen Wellenbewegungen und die Emotionen, die sie beherrschen, wie folgt in Phasen skizzieren.

| | |
|---|---|
| **Im Moment nach der Kündigung** | Schockstarre, Zorn gegenüber dem Vorgesetzten/HR-Manager, Enttäuschung, Rachegedanken, Unverständnis, sich als Opfer fühlen; Gefühl, ungerecht und unfair behandelt zu werden; Demütigung; als Schwerverbrecher behandelt werden; man sucht nach den Gründen hinter den Gründen und kann sie nicht erkennen |
| **In den ersten Wochen** | undefinierbare Angstschübe, Panikattacken, Existenzangst, Versagensgefühle, emotionale Verletzungen durch Schuldzuweisungen von Bekannten und Freunden (nach dem Motto: Du bist selbst schuld!); Selbstvertrauen und Selbstachtung beginnen zu schwinden, verstärkt durch Stigmatisierung des erweiterten Umfelds |
| **Nach ca. 6 bis 8 Wochen** | massiver Abbau des Selbstvertrauens und des Selbstwertgefühls; Kindheits- und Jugendgeschichten werden ausgelöst und negative Erinnerungen werden wach, die scheinbar bestätigen „Ich bin nicht (gut) genug". |
| **Nach 2 und mehr Monaten** | Sinnkrise; alle Gedanken kreisen immer mehr um mögliche eigene Fehler statt sich zu sagen „Falsches Unternehmen — falscher Chef". Der emotionale Zustand wird von Tag zu Tag schlechter. Depression nicht ausgeschlossen. Professionelle Hilfe ist spätestens jetzt unbedingt notwendig. |

# 6 Wie man sich wieder zurück ins Spiel bringt

Es gibt nur eine Möglichkeit, der Herausforderung „Kündigung" zu begegnen: Halten Sie es wie Michael Bloomberg, 71 Jahre alt, Oberbürgermeister von New York City und Milliardär, der in einem Interview sagte:

> *„Nach meinem Rauswurf von ‚Salomon Brothers' habe ich mich bereits nach zwei Minuten entschieden, nicht mehr zurück zu schauen und mich zu quälen mit den Fragen ‚Warum ich? Was habe ich falsch gemacht?' usw. Ich habe es als unveränderliche Tatsache akzeptiert und den Blick nach vorne gerichtet und mich gefragt ‚Was wird mir die Zukunft geben? Was will ich tun?' Und wenn es gerade mal wieder sehr schwierig wird, sage ich mir eins: ‚Der nächste Tag wird besser als heute!'. Das hat mir immer geholfen."*

Im Gegensatz zu Michael Bloomberg brauchte ich für diese Akzeptanz und positive Reflektion nicht zwei Minuten, sondern mehrere Monate. Ich brauchte Zeit, mich zu erholen und mich neu zu sortieren, und ich brauchte Zeit, bis ich das ganze Ausmaß begreifen konnte. Das Schwierigste ist zu lernen, dass es zu einfach ist, allen anderen die Schuld zu geben, und dass man sich vielmehr selbst eine gute Portion davon zuschreiben sollte. Es gilt gerade in solch schweren Zeiten, etwas zu lernen.

Die Kündigung ist DIE Chance für einen totalen Neuanfang, einen persönlichen „Turn around", vorausgesetzt, Sie erkennen sie als solche.

Ich musste zuerst begreifen, dass es dieser immensen Herausforderung bedurfte, um mich mir selbst zu stellen. Heute und aus vielen Geschichten anderer Betroffener weiß ich, dass dies der Weg ist, aus dem Hamsterrad „24/7" heraus und wieder zu sich selbst zu kommen, wieder aufzustehen, sich den Staub vom Mantel zu wischen und weiter zu gehen. Viele von uns kennen das aus eigener Erfahrung, doch es nicht immer leicht zu akzeptieren, dass uns offenbar nur die großen Probleme zu einer Weiterentwicklung getrieben haben und nicht der Erhalt des Status Quo. Trotzdem klammern wir uns immer wieder und gerne an das, was wir haben — auch wenn es uns gar nicht gut bekommt. Menschen werden sich nicht weiterentwickeln oder an Kraft und positiver Energie gewinnen durch eine permanente Aneinanderreihung von Erfolgserlebnissen, sondern vielmehr durch Widerstand. Man wird gezwungen, sich dem entgegenzusetzen wie beim Muskeltraining, bei dem sich die Muskeln nur durch das Gegengewicht und damit dem Widerstand der Hanteln aufbauen lassen. Das ist manchmal schmerzhaft und in jedem Fall anstrengend. Doch hinterher sieht man: Die Mühe lohnt sich.

Sie können Ihre Kündigung nicht verhindern, doch was Sie vor den schlimmsten Folgen und Konsequenzen schützen kann, ist, sich vorzubereiten. Schauen Sie nicht weg, so wie früher in der Schule, wenn der Lehrer eine Frage stellte und wir keine Antwort wussten. Heute als Erwachsene reagieren wir manchmal ähnlich, wenn uns etwas unangenehm ist. Schauen Sie mutig hin, auch wenn es Sie graust.

Wenn man keinen Job mehr hat, sieht die Welt für fast jeden, auch für Spitzenmanager, ziemlich düster und schwierig aus.

**TIPP**

**Es ist deshalb besser, Sie setzen sich heute schon mit Ihrer potenziellen Kündigung auseinander, so lange Sie noch einen Job haben und sich noch sicher fühlen. Es gilt einen Plan B zu entwickeln. Schauen Sie den Abgrund einmal hinunter, um einzuschätzen, wie tief Sie in dieses dunkle Loch fallen könnten und was es bedeutet. Und was Sie möglicherweise tun müssen, damit der Sturz nicht ganz so schmerzhaft wird. Mir ist viel daran gelegen, dass es Ihnen besser ergehen wird als vielen anderen bisher, inklusive mir selbst. Es besteht die Möglichkeit, dass Sie eines Tages gekündigt werden. Trotzdem sind und bleiben Sie ein guter Mensch, ein fähiger Mitarbeiter und leistungsstarker, professioneller Manager — auch in der Zukunft.**

Wir brauchen jedoch unseren Mut, um erfolgreich zu sein. Das ist der Mut, auch nach einer Kündigung rauszugehen, sich zu zeigen, sich zu stellen, authentisch zu sein, egal was an ‚Feedback' zurück gespielt wird — positiv oder negativ. Es ist die Art, wie wir den ‚Downs' in unserem Leben begegnen und sie verarbeiten, die zeigen, wer wir in Wirklichkeit sind und was in uns steckt.

## 6.1 Denkfehler, die in die Falle führen

Zuerst gilt es, einige mögliche Ursachen zu zeigen, die in vielen Fällen den Anfang vom Ende einläuten. Führung von Mitarbeitern und Managern ist eine gern diskutierte Thematik, über die in epischer Breite und Tiefe seit Jahrzehnten professionell philosophiert wird. Mit exzellenten Erkenntnissen, deren Umsetzung jedoch der Realität nicht immer gerecht wird. Es sind die Aktionen und Reaktionen der Mitarbeiter sowie die Einflüsse der Welt darum herum, der tägliche Wandel im Innen wie im Außen eines Unternehmens, die weder vorhergesagt noch adäquat und zeitnah verarbeitet werden können. Es wird auf Basis der ‚Ceteris Paribus'-Regel, die aus der Mathematik stammt und „immer unter gleichen Bedingungen" bedeutet, nachgedacht und strategisch empfohlen.

Alles ist grundsätzlich richtig und hochinteressant, doch tagtäglich praktizierte Führung steht auf einem anderen Blatt. Das darf ich nach mehr als 20 Jahren Managementtätigkeit und Führungserfahrung als Resümee ziehen. Die Bewertung des Führungsstils und die Wirkung eines Managers als „gut" oder „schlecht" sind primär davon geprägt, ob die an ihn oder sie gestellten Erwartungen kurzfristig erfüllt werden. Die Erwartungen werden von Vorgesetzten einerseits sowie von Mitarbeitern und übrigen Managern andererseits gestellt, die ihre ganz individuelle Vorstellung von guter Führung, den Kriterien hierzu und den Ergebnissen haben. Es liegt in der menschlichen Natur, den eigenen Maßstab als Maß aller Dinge zu nehmen. Ob dieser objektiv angemessen oder unangemessen ist, darüber reflektieren die wenigsten Mitarbeiter und Führungskräfte. Diesen Erwartungshorizont, den Manager jedoch ständig bedienen müssen, von oben wie von unten eingequetscht, zehrt und zerrt an jedem Menschen.

Was ist die Aufgabe von Managern in Unternehmen? Führung und Unternehmenserfolg werden erst lebendig durch strategisches Denken und Handeln, durch „Machen". Manager sind in erster Linie strategische Denker und Macher. Ideen und diese erfolgreich umzusetzen, sind ihre Stärken, deshalb tun sie das, was sie tun – sonst würden sie etwas anderes machen. Ohne sie würden Unternehmen mittel- und langfristig aus dem Ruder laufen.

Die Qualitäten, die Manager bevorzugt ausleben, haben jedoch ihre Tücken, denn „Macher" brennen irgendwann aus. Zu viel davon laugt den stärksten Manager aus, Mann oder Frau. Man kann nur ausbrennen, wenn man für etwas brennt. Das ist die Falle, die Spirale, die nach unten führt:

- Arbeiten bis zur Erschöpfung ...
- ... in der Erschöpfung werden Managementfehler gemacht ...
- ... mit der Folge, dass noch mehr gearbeitet wird, um die Fehler wieder auszubügeln ...
- ... die Erschöpfung nimmt weiter zu ...
- ... folglich passieren neue Managementfehler ...
- ... man muss noch mehr arbeiten ...
- ... größere Erschöpfung ...
- ... noch mehr Managementfehler ...
- ... noch mehr Erschöpfung etc.

Dies ist der schnellste Weg, wie Manager schlussendlich zum Burn-out gelangen.

In der „Wirtschafts Woche" Online vom 28.11.2012 unter der Rubrik „Arbeitsleben" waren „Zehn kurze Wege zum Burn-Out" wirklich treffend zusammengefasst. Sie sind für Mitarbeiter geschrieben, doch genauso und in gleich hohem Maße gelten sie für Manager:

1. Zu hoher Selbstanspruch: Wer immer auf Hochtouren läuft, der macht seinen eigenen Anspruch zur Zitronenpresse — und sich selbst zur Zitrone.
2. Ausbeuterischer Arbeitgeber: Es gibt Firmen, in denen jede Krankheit außer einem gebrochenen Bein als eine inakzeptable Schwäche gewertet wird.
3. Konkurrenzkultur: wenn keiner als Erster gehen zu dürfen glaubt oder sich traut, zusätzliche Arbeit abzulehnen, um den anderen zu übertrumpfen.
4. Soziale Vereinsamung: Wer auf einen Burn-out zusteuert, wird einsam. Es scheint nur noch die Arbeit zu geben.
5. Zu wenig Freizeitaktivität: Wer seine langjährigen Hobbys immer mehr verkümmern lässt, wer auch in seiner Freizeit mit Arbeit befasst ist, riskiert einen Burn-out.

6. Grenzenlose Arbeit: Wer immer und überall erreichbar und arbeitsbereit ist, kann auch außerhalb des Büros nie richtig entspannen.
7. Antreibender Chef: Wer seine Mitarbeiter immer antreiben und unter Druck setzen zu müssen glaubt, macht sie krank.
8. Zu voller Kalender: Wenn jeder Arbeitstag nur noch aus Terminen besteht, läuft etwas falsch. Denn Termindruck belastet uns. Spätestens, wenn Sie von versäumten Terminen träumen, sollten Sie handeln.
9. Denkblockade: Auf einem gutem Weg zum Burn-out sind Sie wahrscheinlich, wenn Sie keinen anderen Gedanken mehr fassen können als den an die Arbeit und die Probleme dort.
10. Arbeitsberge: Wer oft das Gefühl hat, mit seinen Aufgaben nicht fertig geworden zu sein, ist oft frustanfällig.

Lassen Sie es nicht soweit kommen. Selbstwahrnehmung ist gute Führung – sich selbst gegenüber. Diese zehn kurzen Wege zu einem Burn-out auch bei seinen Mitarbeitern und Managern zu erkennen und dagegen zu steuern, zeichnet eine wirklich gute Führungskraft aus. In einer guten Führungskultur dürfen Mitarbeiter und Manager auch selbst die Reißleine ziehen können. Führungskräfte mit Mitarbeiter-/Managerverantwortung sollten daher ein Klima schaffen, in dem das möglich ist. Das heißt nicht, den Betroffenen kaltblütig und mit einem Fußtritt hinauszuwerfen, sondern ihm zu helfen. Jeder langjährige Mitarbeiter bzw. Manager hat eine solche Behandlung seitens der Unternehmensführung verdient. Weshalb trifft es nicht jeden Manager? Meiner Einschätzung nach ist es eine Frage der eigenen inneren Antreiber, die den Unterschied machen. Der eigene Charakter, die persönlichen Wertvorstellungen, sowie das, was man über die Arbeitswelt und über sich selbst glaubt, führen zu einem Verhalten, das letztendlich allen Beteiligten schaden kann: dem Manager selbst, der krank wird, seinem direkten Umfeld im Unternehmen und irgendwann dann auch dem Unternehmen.

Vorgesetzte, die die oben beschriebene Abwärtsspirale nicht erkennen oder gar bewusst ignorieren, sind keine guten Führungskräfte. Vorgesetzte haben definitiv auch eine Fürsorgepflicht ihren Managern gegenüber, die sie wahrnehmen müssen. Die wachsende Zahl der Burn-out-Fälle zeigt, dass dem nicht der Fall ist, sondern dass Vorgesetzte ohne Rücksicht auf Verluste und um jeden Preis Zielerreichung einfordern – oftmals auch, wenn äußere Umstände dagegen sprechen.

Unabhängig davon ist jedoch die Selbstverantwortung eines Managers das wichtigste Gebot. Das impliziert auch, sich der eigenen Wirkung auf andere, nämlich Mitarbeiter und Kollegen, bewusst zu sein. Je nachdem, in welchem Unternehmen man tätig ist, werden auch Kollegen und Mitarbeiter wenig begeistert sein von dem überdurchschnittlichen Arbeitseinsatz des Managers, dem Brennen für die Aufgabe. Solche Vorbilder scheinen wenig beliebt.

- Kollegen werden aggressiv. Sie unterstellen in ihrer Kampf- und Wettbewerbshaltung, dass der andere sich so verhält, um sich selbst hervorzuheben, um besser dazustehen und zu gewinnen. Ob dies tatsächlich die Motivation ist, wird selten hinterfragt. Selbst wenn er sagen würde, dass er anders denkt, fühlt und arbeitet, weil es z. B. einfach Spaß macht, wird man ihm nicht glauben.
- Mitarbeiter finden das Engagement problematisch, weil die Ehrgeizigen unter ihnen sich dann selbst in die Pflicht nehmen, genauso viel zu arbeiten.

Folgerichtig werden solche Manager von ihren Kollegen und ihren Mitarbeitern hin und wieder boykottiert.

Dienst nach Vorschrift, Rechtfertigungen und Delegation der Probleme zu Ihnen hoch sind die bekannten Reaktionen, um Sie dazu zu zwingen, Ihr Engagement und Ihr Tempo zu drosseln. Als verantwortungsvoller Manager müssen Sie dann als Folge schlussendlich den Job der Mitarbeiter mitmachen, denn irgendwer muss ihn ja erledigen. Sie sitzen selbst bis lange nach 19 Uhr im Büro, während die anderen schon längst bei der abendlichen Freizeitgestaltung sind. Wenn Sie sich dagegen wehren und mit Recht Klartext reden, werden die Stimmung und Motivation in Ihrem Team oder Unternehmen jedoch sinken, statt sich konstruktiv über die gemeinsame Verantwortung auseinanderzusetzen.

Wenn das alles nichts nutzt, werden Mitarbeiter, denen der volle Arbeitseinsatz und -stil nicht passt, mit Mobbing probieren, den Manager und sogar auch den Vorgesetzten möglichst bald wieder los zu werden. Das ist keine Unterstellung oder Theorie, sondern dies sind zu meinem Leidwesen beobachtete Verhaltensweisen in mehr als 20 Jahren Managementtätigkeit. Da man dem kaum etwas entgegensetzen kann, weil es ja immer hinter dem eigenen Rücken geschieht, ist man dann auf die offene Kommunikation seines Vorgesetzten angewiesen. Bleibt diese aus, sucht man sich besser zu diesem Zeitpunkt bereits ein neues Unternehmen, in dem Loyalität und Integrität keine Worthülsen sind, sondern tatsächlich gelebt werden. Auch wenn es hinterrücks geschieht, sind wir alle sensibel genug, diese Attacken zu spüren. Und deshalb zehrt Mobbing massiv an der physischen und emotionalen Kraft und Gesundheit eines jeden Menschen.

So reibt man sich also auf zwischen den Fronten – Pflichterfüllung gegenüber dem Vorgesetzten und den Mitarbeitern, ohne erkennbare Vorteile für sich selbst. Im Gegenteil. Und in diesem Abwärtsprozess machen wir auf jeder Stufe Managementfehler, wie oben beschrieben, die den Druck noch weiter erhöhen. Das kann dann eines Tages auch zur Kündigung führen.

Weshalb lassen Menschen es im Vollbesitz ihrer geistigen und psychischen Kräfte soweit kommen? Vor allem die folgenden drei Denkfehler im täglichen Machen und Tun habe ich beobachtet, welche die Spirale der körperlichen und emotionalen Erschöpfung des Managers weiter nach unten treiben und die schließlich negative Konsequenzen für die Unternehmensergebnisse zur Folge haben.

### 6.1.1 Denkfehler Nr. 1: „Am besten mache ich es selbst!“

Eine Kombination aus – teils unbewusster – Leistungsverweigerung von Mitarbeitern/Managern und Leistungsdruck des Vorgesetzten ist die Ursache für die Haltung: *„Am besten mach ich es selbst!“*

Leistungsverweigerung wird bevorzugt von Mitarbeitern, die – mit oder ohne Absicht – lieber etwas nicht tun als etwas Falsches. So sind viele von uns in der westlichen Welt erzogen worden, denn wir haben gelernt: Wenn wir etwas Falsches tun, werden wir bestraft. Wenn wir dagegen gar nichts tun, können wir auch nichts Falsches machen und können entsprechend dieser vermeintlichen Logik folgend auch nicht bestraft werden.

Eine andere Art der Leistungsverweigerung, die weniger offensichtlich daherkommt, ist die Delegation des Problems nach oben – zu dem Manager, dem

Vorgesetzten. Der darf es dann richten zur Freude des Mitarbeiters, der rechtzeitig noch nach Hause kommt, wogegen der Manager dann noch länger im Büro sitzt, um dessen Aufgaben zu erledigen. Die meisten Manager durchschauen diese Strategie der „erlernten Hilflosigkeit“ zunächst nicht. Nachdem man die Mitarbeiter mehrfach zur Rede gestellt hat und immer noch nichts passiert ist, bleibt scheinbar nichts anderes übrig, als die Aufgaben des Mitarbeiters für eine gewisse Zeit zusätzlich zu den eigenen Aufgaben im sowieso schon vollen Terminkalender mit zu erledigen. Schließlich ist man selbst sein bester Mitarbeiter. Manager übernehmen diese Aufgaben vor allem dann, wenn der Leistungsdruck entsprechend groß ist, also enge Termine und ein hohes Qualitätsniveau eingehalten werden müssen. Der Manager wird das Problem zuerst selbst lösen, weil er sich damit (scheinbar) Zeit spart und die Qualität der Leistung so sichergestellt ist. Zur Freude des Vorgesetzten des Managers und aller anderen.

Weshalb er das macht? Die Antwort darauf ist sehr einfach: Es dauert meistens zu lange, bis man einem Mitarbeiter erklärt hat, wie diese Aufgabe zu erledigen ist. Oftmals reichen die Qualifikationen des Mitarbeiters auch nicht aus, denn schließlich hat man einen Anspruch an die Leistungserbringung.

Leistungsverweigerung einerseits und Leistungsdruck andererseits zwingen jeden Manager irgendwann physisch und psychisch in die Knie – und so beginnt auch er Fehler zu machen, die wiederum in erhöhte Aktionen und Reaktionen führen. Ein Teufelskreis eben.

### 6.1.2 Denkfehler Nr. 2: „Ich entwickle schneller Ideen, als andere umsetzen können.“

„The speed of the leader is the speed of the gang!“ Früher in den Anfängen meiner Managementlaufbahn lernte und dachte ich: Wenn ein Team wirklich begeistert ist, der Erfolg des Unternehmens auch als der persönliche Erfolg geschätzt und anerkannt wird, wird jeder Mitarbeiter Freude an der Entwicklung von neuen Ideen und Projekten haben, um das Unternehmen auf die Erfolgsstraße zu bringen. Jeder ist kreativ, auch wenn er sich das nicht immer zutraut.

Im Laufe der Jahre wurde ich leider zu oft eines anderen belehrt. Wenn man als Manager schneller denken muss, weil Mitarbeiter den Erfolgsdruck des Unternehmens nicht sehen wollen oder sich damit nicht identifizieren können, dann hat man als Manager ein großes Problem: Auch wenn man selbst sehr kreativ ist und viele gute Ideen hat, gibt es Mitarbeiter, die diese Ideen gar nicht oder nur mit halbem Herzen umsetzen. Das liegt erstens daran, dass es nicht ihre eigenen Ideen waren, und zweitens, weil sie mit Ihrem Tempo generell nicht mithalten wollen bzw. können.

Wenn Mitarbeiter nicht mit Ihnen auf der Überholspur fahren wollen, was bleibt Ihnen da? Schließlich ist das Zurücknehmen von Zielen und das Drosseln des Tempos keine wirkliche Option – weder für Sie selbst noch für Ihren Vorgesetzten. Also bleibt nur eins, wenn man nicht gleich die betreffenden Personen hinauswerfen will: Man kommt zurück auf Denkfehler Nr. 1 „Am besten mache ich es selbst!“. Das kann eine Zeitlang gutgehen, doch niemand kann gleichzeitig überall sein. Der Misserfolg ist vorprogrammiert. Die eigene Gesundheit bleibt sowieso auf der Strecke. Man verausgabt sich und steht letztendlich doch allein da. Der extrem hohe Anspruch an sich selbst und von höherer Stelle führt eines Tages zum Kollaps. Der eigenen Erfahrung folgend führt eine „The speed of the leader is the speed of the gang!“-Einstellung nur dann zum Erfolg, wenn Sie ein exzellentes Team gefunden haben, also Mitarbeiter und Manager, die Ihrem Tempo und Ihrem Enthusiasmus folgen wollen und auch können. Das führt uns gleich zum dritten Denkfehler.

### 6.1.3 Denkfehler Nr. 3: „Mitarbeiter und Manager verdienen viele Chancen!“

Die falschen Mitarbeiter oder Manager im Team zu haben bzw. sogar selbst eingestellt zu haben, ist kein Fehler, sondern gehört zum Managementleben dazu. Man kann niemandem direkt ins Herz und hinter die Stirn schauen. Es gibt zu viele Menschen, die sehr geschickt blenden, die zunächst mehr versprechen, als sie dann tatsächlich leisten können.

Ein großer Fehler wäre es jedoch, solche Mitarbeiter oder Manager nicht schnellstmöglich wieder loszuwerden. Schnellstmöglich heißt nicht etwa mit einer Kündigung nach drei Jahren, sondern mit einer Kündigung in den berühmten ersten 100 Tagen, also in der Probezeit. Innerhalb dieser Zeit lernen Sie Menschen wirklich kennen, wenn Sie sich um sie kümmern. Niemand kann sich so lange verstecken. Die Versuchung ist groß, Menschen immer wieder eine Chance zu geben. Doch glauben Sie mir, das hat sich bei neuen Mitarbeitern und Managern noch nie ausgezahlt. Im Gegenteil. Chancen werden oftmals von den Betreffenden gar nicht als solche erkannt oder wertgeschätzt. Oft nehmen Mitarbeiter und Manager eine Festanstellung als ihr Geburtsrecht für den Rest ihres Lebens an. Sie verstehen manchmal nicht, dass der Begriff „Probezeit" nur eine Interpretation zulässt: auf Probe und für eine bestimmte Zeit.

Als Manager oder Mitarbeiter aus dem beschriebenen Teufelskreis auszubrechen, geht übrigens nur dann, wenn wir regelmäßig und bewusst eine gesunde Portion Distanz zu dem herstellen, was wir gerade tun. Eine Distanz mental, emotional und physisch – zu den Aufgaben, zu den beteiligten Personen und zu dem Unternehmen. Bildlich gesprochen, sollten wir es ab und an schaffen, den Wald von oben zu betrachten, als immer nur zwischen den vielen Bäumen hin und her zu laufen, was uns in die Irre führt und uns erschöpft.

> *„Unbewusste Schöpfung führt zu Er-Schöpfung, Depression, Burn-out und dem Gefühl der Sinnlosigkeit. An jedem Morgen steht mit dir ein Schöpfer auf und der Tag und das Leben ruft dir zu: „Schöpfe aus mir, großer Schöpfer, und erschaffe und gestalte dein Leben! Du bist der Künstler, mach ein Kunstwerk, etwas sehr Schönes aus mir." Du kannst nicht nicht erschaffen; hierin hast du keine Wahl. Du hast nur die Wahl zwischen bewusstem und unbewusstem Erschaffen. Solange du dich als Schöpfer und Gestalter deiner Lebenswirklichkeit ignorierst und völlig unbewusst, ohne Freude am und ohne Liebe zum Leben, zu dir und zu deinen Mitmenschen erschaffst, erschöpfst du dich und brennst innerlich aus. Du tust zwar viel von morgens bis abends, aber es macht für dein Herz keinen Sinn, weil du entweder glaubst, es tun zu müssen oder weil du es tust, um....zu..., (für Geld, Anerkennung u.a.) und nicht, weil es dein Herz mit Freude erfüllt und es zum Singen bringt. Entscheide dich, zum bewussten, liebevollen, achtsamen Schöpfer deiner Lebenswirklichkeit zu werden. Kehre immer wieder zu dir selbst, zu deinem Innersten in der Stille zurück und sei einfach da, bei dir und mit dir. Sei bei dir, sei mit dir, denn sonst*

*erschaffst du Zustände und Ereignisse, die dir nicht gut tun und verlierst dich in sinnlosem Tun."*

*Robert Betz*

## 6.2 Selbst-Management durch Selbst-Reflektion

Sie sind gekündigt worden. Als Führungskraft ist es genauso wichtig zu lernen, sich selbst zu führen, sich selbst zu managen. Das ist Ihre wichtigste Aufgabe, die Sie nach einem Rauswurf, nach einer Kündigung haben! Im Flugzeug sollen Sie sich ja auch bei einem Druckabfall zuerst selbst die Sauerstoffmaske über den Kopf ziehen und helfen erst dann den anderen Mitreisenden. Eine treffende Metapher, welche Prioritäten Sie jetzt zu setzen haben. Das alles herauszufinden, braucht Zeit und professionelle Unterstützung. Das wichtigste Instrument des Selbst-Managements ist deshalb die Selbst-Reflektion.

Die erste und wichtigste Frage ist NICHT, „Wo ist der nächste Job?", sondern vielmehr:

*„Wie gehe ich mit den Emotionen, wie Frust, Wut, Enttäuschung, Opfergefühlen, Versagensgefühlen, Existenzängsten, und den direkten finanziellen Konsequenzen um, die jetzt auf mich zukommen werden?"*

Hier helfen uns die drei Schritte der Selbst-Reflektion:

| | |
|---|---|
| 1. | Bewusstsein durch Akzeptanz |
| 2. | Bewusstsein durch Klarheit |
| 3. | Bewusstsein durch Aktion |

Bewusstsein pflastert den Weg in die neue Freiheit und zu uns selbst. Der erste Schritt, wieder zurück ins Spiel zu kommen, beginnt damit, zu akzeptieren was ist. Was klingt wie eine Binsenweisheit, ist doch in Wahrheit die schwerste Aufgabe in einer emotionalen und womöglich auch finanziellen Katastrophe.

1. Akzeptieren was ist, heißt, die aktuellen Fakten nüchtern und trocken zu betrachten und anzunehmen – für den heutigen Tag und die nächsten Wochen. Bleiben Sie im Hier und Jetzt und denken Sie nicht darüber nach, was vielleicht in einem oder zwei Jahren sein wird.
2. Der zweite Schritt ist, die bewusste Entscheidung zu treffen, sich unbedingte Klarheit über die Fakten und den eigenen Standort zu verschaffen, um wieder in Balance zu kommen.
3. Erst im dritten Schritt – nicht vorher – ziehen Sie die Schlussfolgerungen aus Ihrer Analyse und gehen dann bewusst in die Aktion. Transformation durch TUN, durch AKTION.

Mit anderen Worten: Klarheit und Entschlusskraft kombiniert mit Willensstärke, einem Plan, Durchhaltevermögen und einem positiven Blick nach vorne werden Ihnen helfen, sich selbst an den Haaren wieder aus dem Schlamassel zu ziehen.

Diesen Weg kontinuierlich bewusst und konsequent zu gehen, ist jedoch etwas anderes. Auch diese Erfahrungen durfte ich machen. Was sich einfach anhört, ist in Wirklichkeit oftmals schwer: Unsicherheit, Zweifel, Bedenken und die ständigen Erwartungen, die an einen gestellt werden durch unser wertendes Umfeld, verführen uns dazu, alteingetretene Pfade nicht zu verlassen oder sogar dorthin wieder zurückzukehren. Doch um einen neuen Weg – im gleichen Beruf oder bei etwas ganz Neuem – erfolgreich gehen zu können, brauchen wir ein erneuertes Selbst-Bewusstsein, Vertrauen und Mut. Nicht im Zweifeln über uns selbst kommen wir zu neuen Ideen, sondern über Zuversicht und Vertrauen – egal was passieren wird.

### 6.2.1 Akzeptanz!

Akzeptanz ist das Schlüsselwort und, wie beschrieben, der erste Schritt eines realistischen und erfolgreichen Selbst-Managements. Akzeptieren Sie, was geschehen ist. Lassen Sie los! Trainieren Sie das Loslassen, in dem Sie sich zum Beispiel ablenken. Verändern Sie Schritt für Schritt oder sofort Ihren Fokus. Geben Sie selbst dem Geschehenen keine weitere Bedeutung mehr, kein emotionales Gewicht in Ihrem Leben. So schwer es Ihnen im Augenblick auch fallen mag, schaffen Sie innere Distanz dazu. Wie Sie wissen, folgen Emotionen einem Gesetz. Das Gesetz heißt, dass Emotionen von Ihren Gedanken und den damit assoziierten Wertungen „gut" oder „schlecht" definiert und ausgelöst werden. In einem Jahr zum Beispiel sollten Sie diesen Vorfall lediglich als eine neue Zeile in Ihrem Lebenslauf werten, mehr nicht. Wie man diese Veränderung sehr viel früher steuern kann? Sobald negative Gedanken und Gefühle auftauchen, akzeptieren Sie diese als Teil des Verarbeitungsprozesses und beobachten Sie stattdessen die Auf- und Abbewegung der Gefühle jedes Mal, wenn sie auftauchen. Sie observieren die Emotionen von außen und warten ab, was passieren wird. Alternativ können Sie STOPP sagen und sich mit einer anderen Beschäftigung ablenken. Sie werden feststellen, dass die Intensität des emotionalen Erlebnisses sehr schnell nachlassen wird.

Zudem haben Emotionen eine weitere Eigenart an sich: Sie kommen und gehen, kommen wieder und gehen wieder. Sie sind nicht beständig und die Intensität ist jedes Mal anders. Oder erinnern Sie sich detailliert daran, welches Ihr emotionaler Zustand genau heute vor einem Jahr war, wie Sie sich fühlten? Können Sie sie gleichermaßen wieder fühlen — die positiven wie auch die negativen Emotionen von damals? Wohl nicht mehr. Es ist für Ihre innere Balance heute gleichgültig, was in der Vergangenheit durch wen passiert ist. An dem Geschehenen können Sie sowieso nichts mehr ändern. Akzeptieren Sie den Vorfall als das, was er ist: eine Chance, etwas zu lernen und sich weiter zu entwickeln. Treffen Sie heute neue Entscheidungen und vertrauen Sie darauf, dass etwas Besseres auf Sie wartet.

### 6.2.2 Klarheit!

Der zweite Schritt ist, sich unbedingte und schonungslose Klarheit über die aktuelle Situation und natürlich über sich selbst zu verschaffen. Welches sind die Hilfsmittel dazu? Damals entwickelte ich für mich eine neue Tagesstruktur, begann mit Meditation, dem Schreiben von Tagebüchern und arbeitete mit unterschiedlichen Personal Coachs an meinen Themen. Massagen und Energiearbeit rundeten meinen Weg zu einem neuen mentalen, emotionalen und physischen Selbst-Bewusst-Sein ab. Das klingt nach Wellness-Urlaub, doch das war es bei weitem nicht. Eher war es ein „Vollwaschgang mit Turboschleudern". Oder in Winston Churchills Worten: „If you are going through hell, keep going!" (Wenn du durch die Hölle gehst, gehe weiter!).

Insgesamt musste ich ein neues Verständnis für mich selbst entwickeln. Es brauchte Zeit, aber ich fing an zu verstehen: meine Handlungen, meine Gedanken, meine Bewertungen, Urteile, Konditionierungen, Aktionen und Reaktionen, meine täglichen Entscheidungen im Job — und weshalb ich etwas tat, wie ich es tat, sind die Ursachen meiner Ergebnisse.

Ich ging zu Workshops von Jack Canfield (Personal Coach, Bestsellerautor) und Deepak Chopra (Arzt, Coach, Bestsellerautor) in den USA — und bekam dort Antworten. Ebenso von Neale D. Walsh (Bestsellerautor „Gespräche mit Gott"), den ich nach dem Sinn meines Lebens befragte, als er im Mai 2012 einen zweitägigen Workshop in Basel gab. Meine Frage und seine Antwort finden Sie auf seiner neuesten DVD „Gespräche mit Neale D. Walsh — Special Edition 3 — der Sinn des Lebens". Ich entdeckte in dieser Zeit, dass ich die Gesellschaft von fremden Menschen unterschiedlicher Herkunft, Alter und Persönlichkeiten sehr schätzen und genießen kann. Doch vor allem lernte ich durch die Menschen, die mir begegneten, den Facettenreichtum des Lebens kennen. Derart inspiriert durch Coachings und Gespräche, entwickelte ich neue Ideen und Vorstellungen für meine Zukunft. Das alles half, die Erfahrung der Kündigung als Lernlektion zu begreifen, meinen eigenen Anteil an dem Desaster zu erkennen und genauer hinzuschauen. Auch auf das, was in meinem Leben schon lange nicht mehr in Ordnung war, im Innen wie im Außen. Selbst-Reflektion ist der Schlüssel zum Selbst-Management und der Aufbruch zu neuen Ufern. Es ist kein Sonntagsspaziergang, sondern für einige wirklich harte Arbeit, alles einmal umzudrehen, hinzuschauen, zu gern Verdrängtes hervorzukehren — sei es bezogen auf Beruf und Job, seien es die Finanzen und Beziehungen. Es war eine persönliche Inventur, die Wirkung zeigte. Es gehört Mut dazu, sich seinen Dämonen selbst zu stellen. Doch daraus entwickelt sich eine neue Kraft und Energie für neue Ziele und für ein Leben in bisher unentdeckte Bereiche. In den „Upanishads", einer Sammlung philosophischer Schriften des Hinduismus, sind 2.000 Jahre altes Wissen und spirituelle Weisheiten der Weisen aus Indien niedergeschrieben, die für uns Menschen im 21. Jahrhundert immer noch Gültigkeit besitzen. Brihadaranyaka erklärt darin in verblüffender Einfachheit und Klarheit:

*You are what your deep, driving desire is.*
*As your desire is, so is your will.*
*As your will is, so is your deed.*
*As your deed is, so is your destiny.*

*Du bist, was Dein tiefster, drängendster Wunsch ist.*
*So wie Dein Wunsch, so ist Dein Wille.*
*So wie Dein Wille, so ist Deine Handlung.*
*So wie Deine Handlung, so ist Dein Schicksal.*

*(The Upanishads, A Classic of Indian Spirituality, Introduced and translated by E. Easwaran, S. 33)*

Die Geschichte zeigt, dass es Menschen trotz großer Katastrophen immer wieder gelingt, ganze Kulturen und Welten wieder aufzubauen. Das gilt genauso für jeden Einzelnen von uns.

### 6.2.3 Aktion!

Bewusst Konsequenzen ziehen heißt, tatsächlich in die Aktion zu gehen. Heißt, bewusst den Schlussstrich zu ziehen unter das, was nicht mehr passt: seien es eigene Verhaltensweisen, ehemalige Ziele oder auch Beziehungen, die nicht mehr richtig sind. Beziehungen, die Energie rauben statt Ihnen Energie zu geben. Möglicherweise gilt es auch, sich zu überlegen, ob es nicht jetzt an der Zeit ist für die Erfüllung eines lang gehegten Wunsches oder von Träumen. Und dann machen Sie sich einen Plan und starten neu durch.

Ein „No", eine Kündigung oder eine Trennung, bedeutet, dass eine neue Chance um die Ecke spazieren wird. Immer. Sie wird kommen, darauf können Sie sich verlassen. Man muss einfach die Nerven behalten, sich nicht ablenken lassen durch die Kommentare anderer, den eigenen Gram oder den Zorn.

Man darf nicht aufgeben. Niemals. Geben Sie niemals auf. Sie sind wichtig für viele Menschen und nicht ohne Grund auf dieser Welt. Suchen Sie sich genau aus, mit wem und womit Sie Ihre Zeit verbringen werden. Bei allem, was Sie wählen – Beruf, Plätze zum Leben, Freizeit, Menschen, Unternehmen – achten Sie auf Qualität, nicht auf Quantität! Genießen Sie das Gute und Schöne, was das Leben Ihnen zu bieten hat, und gehen Sie weg von dem Negativen, das Ihnen das Leben ebenfalls anbietet. Das gilt für alles und jeden – vor allem auch für die Menschen um uns herum. Sie haben die Wahl. Die Zeit ist kurz, verschwenden Sie sie nicht.

Die wichtigsten Komponenten unserer positiven Lebensgestaltung sind Selbst-Wertschätzung, Selbst-Achtung bzw. Selbst-Respekt und Wahlfreiheit. Der sich wiederholende Zyklus von Anfang und Ende auf dieser Erde ist nicht verhandelbar. Die Natur führt uns das tagtäglich vor Augen. Dies begriff ich tatsächlich erst in aller Konsequenz, als mein Vater seinen letzten Atemzug tat, als der Arzt seinen Puls fühlte und zu mir sagte: *„Jetzt stirbt er. Jetzt in diesem Moment.“* Ich hatte mir bis dahin nie darüber Gedanken gemacht, dass Sterben einige Minuten dauern könnte und dass der Prozess so selbstverständlich ausgesprochen werden kann. Dieses Erlebnis hat für mich alles verändert. Einfach alles. Es gibt kein Zurück. Irgendwann kommt der Abschied. Für immer. Es war das größte Geschenk, das mir mein Vater dadurch mit auf den Weg gab für meine Zukunft: „Don‘t miss YOUR life!“

Benutzen Sie das, was geschehen ist, um sich selbst neu zu erfinden. Jeder bekommt eine zweite Chance. Wir alle. Sie auch.

## 6.3 In sieben Schritten zurück zu sich selbst

Die Re-Integration von Körper, Geist und Seele benötigt Zeit, freie Zeit, die Ihnen ganz allein gehört, in der Sie reflektieren, erkennen, lernen und die nächsten Schritte in Ihrer eigenen Entwicklung weitergehen. Das ist der wichtigste Prozess als Vorbereitung dessen, was Sie in Zukunft tun werden. Es ist wie bei einer Zwiebel, die geschält werden muss, bevor man sie weiter verarbeiten kann. Um in den Kern vorzudringen, muss man Schicht für Schicht einzeln ablösen. Und wie beim Zwiebelschälen und -schneiden kommen eben manchmal auch die Tränen. Das ist in Ordnung, denn Tränen reinigen die Seele.

Es heißt Abstand zu gewinnen, zu sich selbst zu kommen, die Selbstachtung zurückzugewinnen und das Selbstvertrauen wieder aufzubauen. Das sind jetzt erst einmal die wichtigsten Ziele. Es wird zudem wahrscheinlich einige Monate dauern, vielleicht auch ein Jahr, bis der Tinnitus leiser pfeift und bis das Brummgeräusch in den Ohren nicht mehr wiederkehrt, doch seien Sie versichert, beides hört irgendwann auf. Das kann ich Ihnen aus Erfahrung bestätigen. Was Sie nach einer gewissen Zeit dann wieder hören werden, ist Ihre eigene, innere Stimme. Sie ist nicht laut, sondern eher leise, und sie zeigt Ihnen den Weg, wenn Sie danach fragen. Sie müssen gar nichts tun, außer Fragen zu stellen und den Antworten zu lauschen, die kommen werden. Einfach hinhören. *„Alles Wissen liegt bereits in Dir"*, sagte schon Buddha. Eine neue Art der Führung, Selbstmanagement. An einem bestimmten Zeitpunkt werden Sie bewusst Abschied genommen haben von dem was war, und ab dann werden Sie nicht mehr zurückschauen, sondern nur noch nach vorne. Das ist das Beste überhaupt, denn die Begeisterung und Freude angesichts der zukünftigen Möglichkeiten wird wieder in Ihrem Herzen erwachen. Sie werden wieder ein selbstbestimmter Mensch werden. Jemand, der vor allem sich selbst achtet, respektiert und vertraut.

„In sieben Schritten zurück zu sich selbst" ist ein Angebot, ein Plan, der mir persönlich sehr geholfen hat, in kürzester Zeit auf den Ebenen Körper — Geist — Seele in Balance zu kommen und wieder zu dem Menschen zu werden, der ich sein wollte.

**In sieben Schritten zurück zu sich selbst**

| |
|---|
| 1. Nehmen Sie sich eine Auszeit von zwei bis vier Monaten |
| 2. Werden Sie körperlich und seelisch wieder fit |
| 3. Strukturieren Sie den Tag |
| 4. Führen Sie eine persönliche Standortbestimmung durch |
| 5. Stellen Sie sich die richtigen Fragen |
| 6. Lassen Sie sich von einem Personal Coach unterstützen |
| 7. Denken Sie positiv und starten Sie wieder durch |

## 6.3.1 Nehmen Sie sich eine Auszeit von zwei bis vier Monaten!

Bevor Sie die finale Entscheidung für den nächsten Job, die nächste Position und das nächste Unternehmen treffen, sollten Sie für eine begrenzte Zeit erst mal aussteigen. Eine (auch räumliche) Auszeit ist wichtig, um eine persönliche Standortbestimmung durchzuführen. Eine SWOT-Analyse (**S**trengths = Stärken, **W**eaknesses = Schwächen, **O**pportunities = Chancen, **T**hreats = Risiken) wird in Unternehmen bevorzugt dazu genutzt, die aktuelle Situation, den Status Quo, zu analysieren und auf dieser Basis neue Ziele und Strategien zu entwerfen und umzusetzen. Eine solch persönliche Standort-Analyse haben jedoch die wenigsten für sich selbst je gemacht. Wie Sie das recht einfach durchführen können, zeige ich Ihnen im Kapitel 6.3.4. „Führen Sie eine persönliche Standortbestimmung durch!“

**TIPP**

**Regeln Sie — bevor Sie in die Auszeit gehen — zuerst alles Wichtige und Notwendige an Rechtsangelegenheiten, Finanzen, Behörden- und Versicherungsangelegenheiten. Wenn Sie (noch) im Ausland sind, ist dies umso wichtiger, da die Gesetzgebung in vielen Bereichen eine andere ist als im Heimatland. Lassen Sie sich von einem Spezialisten beraten, damit Sie auch wirklich den Kopf frei von solchen Dingen haben und die Schultern entlastet sind.**

Gehen Sie in dieser Zeit in jedem Fall heraus aus dem gewohnten Umfeld und vielleicht sogar aus Ihrer Komfortzone. Bereisen Sie einmal die Länder, die Sie schon immer sehen wollten. Wahrscheinlich sprechen Sie nicht die Landessprache dort, was von Vorteil ist, denn Ihr Gehirn wird durch die Fremdheit dann einfach gezwungen, sich um die Existenzsicherung in einem fremden Land Gedanken zu machen. Das hilft enorm, Abstand zu gewinnen. Sie werden gezwungen, sich mit der Welt „da draußen“ und vielen Menschen aus anderen Kulturen auseinanderzusetzen — im positiven Sinne. Das relativiert vieles, wenn nicht gar alles. Wir vergessen nur zu leicht in unserer westlichen Zivilisation, dass es in anderen Ländern und Kulturen Menschen gibt, die noch viel größere Probleme als wir hier haben. Zudem: alles, was bisher geschah, rückt dadurch in weite Ferne. Ganz weit weg werden die ursprünglich großen Sorgen, Zorn und Ängste klein. Je länger Sie weg bleiben, desto mehr schrumpfen sie, bis sie schließlich ganz verschwunden sind.

### 6.3.2 Werden Sie körperlich und seelisch wieder fit!

Natürlich kann man sich vornehmen, wieder täglich Sport zu treiben, sich gesünder zu ernähren oder gar abzunehmen. Ich gehöre jedoch nicht zu den Verfechtern, sofort mit Sport zu beginnen und sich zu zwingen, das nachzuholen, was man jahrelang und während des Jobs versäumt hat. Das mag für einige der richtige Weg sein, um die Aggressionen und das Adrenalin abzubauen, doch das war es nicht für mich. Ganz im Gegenteil. Wenn jemand wie ich über Jahre im Durchschnitt 70 bis 80 Stunden pro Woche und manchmal rund um die Uhr gearbeitet und mittags nie eine Pause eingelegt hat, dazu manchmal 24 Stunden lang ohne zu schlafen, selbstverständlich auch an den Wochenenden und sowieso permanent verfügbar war, der ist körperlich am Ende und psychisch ausgelaugt. Nach einer Kündigung ist oftmals an Sport oder gesunde Ernährung gar nicht zu denken. Noch mehr Druck und Stress erträgt wirklich kein Mensch, erst Recht nicht, wenn man gefeuert wurde. In meinem Fall, in einem finalen Erschöpfungszustand angelangt, in dem der Adrenalin- und Cortisolspiegel exorbitant hoch und das Serotonin extrem niedrig waren, brauchte ich andere Wege, um wieder in Balance zu kommen. Mir wurden Ruhe und Distanz zu allem und jedem verschrieben, soweit es möglich war. Erst nach der körperlichen Erholung konnte die Zeit für Selbst-Reflektion und eine Standortanalyse beginnen.

Das, was mir im Einzelnen half, ist im Folgenden in Kürze beschrieben und als Empfehlung formuliert. Sprechen Sie immer zuerst mit Ihrem Arzt darüber, wie es Ihnen geht und was zu tun ist. Deshalb:

- Gehen Sie zuerst zum Arzt und lassen sich komplett durchchecken – auch wenn Sie sich okay fühlen.
- Geben Sie Ihrem Körper viel Zeit für Ruhe. Schlafen Sie so lange, bis Sie sich körperlich wieder erholt haben.
- Beginnen Sie Schritt für Schritt Ihrem Körper etwas Gutes zu tun. Es reicht zunächst, sich moderat Bewegung und frische Luft in der Natur zu verschaffen. Fahren Sie Ihren Körper sportlich nicht plötzlich von null auf hundert hoch durch Power-Yoga, Spinning, Marathon-Training oder ähnliche Aktivitäten, wenn Sie nicht trainiert sind.
- Gehen Sie weg von dem ganzen Lärm um Sie herum in die Stille. Ziehen Sie sich komplett zurück – gehen Sie in die Natur, wenn möglich für eine gewisse Zeit allein, in ein Kloster, in die Berge oder ans Meer. Es geht jetzt in erster Linie einmal um Sie.
- Praktizieren Sie täglich Meditation – 20 Minuten reichen völlig aus (besser zweimal täglich). Die positiven Auswirkungen der Meditation auf Körper, Geist und Seele sind hinreichend bekannt und wissenschaftlich erwiesen. Wenn Sie

sich damit nicht auskennen, besuchen Sie einen Workshop, in dem man Ihnen Meditation beibringt. Es lässt sich schnell erlernen, und es lohnt sich.

- Essen Sie nur das, worauf Sie Lust haben (wenn Sie kein Diabetiker sind oder aus anderen gesundheitlichen Gründen Diät halten müssen). Das tut auch der Seele gut. Essen Sie wieder regelmäßig. Das, was Sie an Gewicht dadurch möglicherweise zunehmen, nehmen Sie bald schon wieder ab, wenn Sie sich innerlich im „Gleich-Gewicht" befinden. Irgendwann sind Sie ausgeruht und Körper und Geist wollen intuitiv wieder in Bewegung kommen, anders und weniger essen. Ihnen wird bewusst werden, dass Sie vieles nicht mehr brauchen, weil vieles, das Sie gegessen oder getrunken haben, lediglich Kompensation war für den enormen Stress und Druck, den Sie aushalten mussten.
- Sprechen Sie mit Menschen aus Ihrem Umfeld über Ihre Kündigung und erzählen Sie Ihre Geschichte, wie Sie sich fühlten und vielleicht heute noch fühlen. Das tut gut, und Sie werden erleben, dass Gespräche, über das, was war, und die Zeit tatsächlich Wunden heilen können.
- Schreiben Sie sich alles von der Seele. Sie werden mit Erstaunen feststellen, dass das, was Sie schreiben, Sie dann nicht mehr mental und emotional belastet. Legen Sie alles Wort für Wort sozusagen „ad acta".

Sie können auch in kleineren Schritten beginnen: endlich mal wieder vier Wochen Urlaub am Stück nehmen oder ein neues Hobby (wieder)entdecken und ausprobieren.

### 6.3.3 Strukturieren Sie den Tag!

Ob Sie wegfahren oder zuhause bleiben, verpassen Sie sich selbst eine Art „Ordnungstherapie", d. h., bauen Sie sich eine Tagesstruktur, ein Gerüst für sich selbst. Stehen Sie morgens immer zur gleichen Zeit auf, setzen Sie sich Termine bis zum Mittag, dann machen Sie eine Pause, gehen Sie etwas essen und ab 14 Uhr nachmittags setzen Sie sich wieder Termine.

Termine sind hier Zeiten für diverse Aktivitäten, auch für die scheinbar Belangloses wie lesen, schreiben, recherchieren, Sport, Wellness, Freunde treffen, Networking, Zeit für die Familie, einkaufen, Auto reparieren, Keller aufräumen, Wohnung/Haus renovieren, verreisen, auf Kunstaustellungen und ins Museum gehen, ein Hobby finden und ausüben, ausruhen, Personalberater treffen, Interviews durchführen, Personal Coach treffen etc. Samstag und Sonntag sind (vielleicht zum ersten Mal) freie Tage für Sie zur Erholung.

Legen Sie eine solche Struktur, eine Tagesplanung fest für jeden Tag einer Woche — und das jede Woche neu. Eine solche Tagesstruktur bringt nach dem anstrengenden Management-Job und unregelmäßigem Leben verbunden mit vielen Reisen wieder Ruhe und Stabilität in den Geist und in den Körper.

### 6.3.4 Führen Sie eine persönliche Standortbestimmung durch!

Wenn der Job weg ist, verschwinden auch die damit verbundenen Insignien, die vorher noch selbstverständlich waren und die Sie als Ihr Eigentum betrachteten: Einfluss, Macht, finanzielle Möglichkeiten, viele materielle Wünsche, die Sie sich und Ihrer Familie erfüllen konnten, gesellschaftliches Ansehen, Freunde. Nun ist man nicht mehr „Wer" sondern jemand, der seinen Job verloren hat und deshalb abgeschnitten wird. Durch die wahrscheinlich sehr hohe Identifizierung mit dem vorangegangenen Job (oder auch Jobs), dem Unternehmen, den Aufgaben und Verantwortlichkeiten im Laufe der Jahre wissen nur noch die Wenigsten, wer sie in Wirklichkeit sind und was sie einmal wollten.

Was bleibt, wenn alles Äußere wegfällt? Dann bleiben nur noch Sie selbst. Und das ist nicht wenig. Ihr innerster Kern, Ihr Charakter, Ihr Herz, Ihre guten Eigenschaften und Ihre schlechten vielleicht, Ihre Menschenkenntnis, Ihre Erfahrungen, Ihre Weisheit, Ihre innere und äußere Schönheit, Ihre Stärken, Ihre Schwächen und noch vieles mehr, positiv wie negativ.

Welches sind Ihre Stärken? Begeben Sie sich auf die Suche nach Ihren Stärken bezogen auf Ihren Beruf. Sie werden neue Antworten finden, welche Aufgaben und welche Unternehmen zu Ihnen passen. Vielleicht werden Sie dabei sogar eine Antwort auf die Frage nach Ihrem Lebensplan erhalten. Es lohnt sich, auf Spurensuche zu gehen, das kann auch heißen, weit zurück in die Vergangenheit. Lassen Sie wichtige Situationen Ihres Lebens Revue passieren und prüfen Sie, wie Sie sich wirklich jeweils dabei fühlten. Es wird jetzt Zeit, sich die Frage zu stellen: Was will ich tatsächlich? Und Antworten zu finden, die mit Ihren wahren Bedürfnissen, Träumen und Wünschen zu tun haben.

Die bereits erwähnte und erprobte SWOT-Analyse und die daran anschließende Definition Ihres einzigartigen Profils (auch „sustainable competitive advantage“ genannt) helfen Ihnen dabei, neue Ziele und Strategien zu entwerfen. SWOT ist ein Akronym:

- **S** steht für Strengths (Stärken): Fähigkeiten, Talente, Ausbildungen, Erfahrungen
- **W** steht für Weaknesses (Schwächen): das, was fehlt zur Erreichung der Ziele
- **O** steht für Opportunities (Opportunitäten): Ressourcen und Chancen, die im Außen liegen
- **T** steht für Threats (Bedrohungen): Risiken, die im Außen liegen

**S (Strengths) = Stärken: Ihre Fähigkeiten, Talente, Ausbildungen, Erfahrungen**

Begeben Sie sich zuerst auf die Suche nach Ihren Stärken. „Stärken“ ist der zusammenfassende Begriff für Fähigkeiten, Talente, Ausbildungen, Erfahrungen und vieles mehr. Dasjenige eben, was in Ihnen steckt und was Sie gut können und das, was Sie immer schon gut gemacht haben.

Vielleicht sind Sie ja ein Kommunikationstalent, das hervorragend auf der Bühne reden kann und die Herzen der Menschen spielend erreicht mit Worten und Gesten. Oder Sie sind ein brillanter Stratege, ein Kopf-Mensch, der sehr zügig komplizierte Sachverhalte und Netzwerke analysieren kann. Oder Sie sind ein Macher, der Freude an der Umsetzung von Projekten hat. Oder Sie entdecken Schreiben als Ihr Talent, entdecken den Entdecker in sich und begeben sich auf Reisen. Und, und, und ...

Machen Sie sich eine einfache Liste, die aufgeteilt ist in die Rubriken: Talente, Ausbildungen, Erfahrungen, Charakterstärken, Erfolge und auch das, was Sie einfach gerne tun. Ihre Gesundheit gehört selbstverständlich ebenfalls dazu. Schreiben Sie alle Ihre Stärken auf. Denken Sie dabei nicht nur an Ihre bisherige berufliche Laufbahn, sondern auch an Ihre früheren Erfolge, Ihre Träume und Ihre Persönlichkeit.

Vielleicht entdecken Sie ja Bereiche, die Sie bisher nicht angetastet haben, die Ihnen am Herzen liegen und in deren Ausübung Sie „im Flow“ sind. Im

Flow sein heißt, dass während der Tätigkeit die Zeit im Flug vergeht und Sie in Frieden mit sich und der Welt sind. Ein Handwerk, Schreiben, Fotografieren, leidenschaftlich Motorradfahren etc. — warum nicht ein Hobby eines Tages zum Beruf machen, damit Geld verdienen und dabei glücklich werden?

Aus dieser Liste herauszufinden, welches der vielen Punkte tatsächlich die Stärken sind, ist sehr einfach:

Gehen Sie jede einzelne Stärke durch und testen Sie, wie Sie sich dabei fühlen. Das berühmte Bauchgefühl sagt Ihnen ganz ehrlich, ob diese Fähigkeit, Talent oder das, was Sie bisher ausgeübt haben, tatsächlich Ihrer Stärke entspricht. Ihr Bauch wird Ihnen eine klare Antwort geben. Dazu gehören auch Tätigkeiten, die auf Ihren Talenten basieren und in denen Sie brillieren. Auch solche Erfolge auf das Bauchgefühl hin genau zu testen ist notwendig, denn es muss trotzdem nicht automatisch eine Stärke und damit die richtige Aufgabe für Sie sein. Nicht unbedingt, denn wenn Sie etwas deshalb gut tun, weil es Ihrem Talent entspricht, Sie aber keinen Spaß daran haben, dann handeln Sie nicht aus Ihrer Stärke heraus. Dann wurde es Ihnen lediglich beigebracht bzw. antrainiert. Mit ausgiebigem Training kann man vieles zu Höchstleistungen treiben. Doch Sie langweilen sich, Freude will nicht so recht aufkommen. Auch dieses harmlose Gefühl der Langeweile ist ein klares Signal, das gegen die Ausübung der Tätigkeit spricht. Dann wissen Sie, dass sie nicht wirklich zu Ihnen passt, sondern tatsächlich Zeitverschwendung für Sie ist.

**BEISPIEL**

Es wurde mir schon mehrfach bescheinigt, dass eine meiner Stärken mein Organisationstalent ist. So geht es mir tatsächlich leicht von der Hand, zum Beispiel Events und Konferenzen kreativ zu inszenieren und zu organisieren. Ich übersehe keine Fehler, habe das komplette Organisationsteam und alles im Blick bis ins letzte Detail — selbst wenn es sich um mehrtägige Großveranstaltungen mit unterschiedlichen Inszenierungen und 2.000 Personen im Publikum handelt. Die Organisation ist für mich ein Kinderspiel, weil es mein Talent ist und ich das gut kann. Macht es mir deshalb Spaß? Nein, im Nachhinein betrachtet hat es mich meistens gelangweilt. Mir machte jedoch das Ergebnis Freude: die Begeisterung und Reaktion des Publikums.

Ein guter Gradmesser und Ratgeber als Antwort darauf, ob Sie das Richtige tun oder bisher getan haben, sind immer Ihre Emotionen. Erinnern Sie sich zum Beispiel daran, wie es Ihnen erging, als Sie noch morgens ins Büro fuhren. Waren Sie entspannt und freuten Sie sich auf den neuen Tag, die Mitarbeiter und das Unternehmen? Oder spannten sich Ihre Bauch- und Kiefermuskeln an, gingen Ihnen tausend Gedanken und To-dos durch den Kopf und bissen Sie sprichwörtlich die Zähne zusammen?

Die Gedanken und Gefühle sagen eine Menge darüber aus, ob Sie Ihre Stärken tatsächlich leben. Wenn Sie sich bei dem, was Sie tun, positiv herausgefordert fühlen (und nicht gelangweilt oder gar unangenehm gestresst) und diese Herausforderungen mit Bravour bestehen, macht Sie das glücklich. Wenn Sie für das, was Sie tun, zusätzlich noch Anerkennung und Wertschätzung durch Ihre Peers erhalten, macht Sie das mit Sicherheit glücklich. Dann können Sie von gelebten Stärken sprechen.

Entdecken Sie, was Sie mögen und hören Sie damit auf, das zu tun, was Sie nicht mögen. Finden Sie Lösungen, die auf Ihren Stärken basieren.

**W (Weaknesses) = Schwächen: Was Ihnen fehlt zur Erreichung Ihrer Ziele**

Weaknesses sind ein heikles Thema, denn niemand gibt gerne seine Schwächen zu oder schaut sie gar einmal konkret an. Doch sie sind wichtig, sonst wären wir ständig außer Balance, ständen sozusagen nur auf einem Bein. Sich seine Schwächen anzuschauen, bedeutet nicht, ein Dokument des generellen Versagens anzufertigen. Niemand ist perfekt und von Versagen kann keine Rede sein. Doch eine solche Liste anzufertigen, macht vor allem dann Sinn, wenn Ihnen klar ist, welches Ziel Sie verfolgen wollen und was Sie dazu brauchen, um das Ziel zu erreichen. In diesem Zusammenhang ist es eine sehr gute Idee, den Kontext zu den Stärken herzustellen. Das heißt, eine weitere Möglichkeit, Schwächen zu identifizieren, wäre, sich seine Stärken anzuschauen und zu analysieren, was zum Beispiel andere Menschen tun, um eine weitere Stufe des Erfolgs hinauf zu klettern. Sie erkennen, was Sie vermissen bzw. Ihnen noch fehlt, um aus Ihrem jetzigen Erfolg außergewöhnlichen Erfolg zu entwickeln.

**BEISPIEL**

Im Sport zum Beispiel würde es wahrscheinlich bedeuten, noch mehr zu trainieren oder sich eine neue Technik anzueignen. Wenn Sie eher ein strategisch denkender Kopf-Mensch sind, fehlen Ihnen vielleicht die Macherqualitäten und die Geduld, die es zur Umsetzung Ihrer Ziele und Strategien braucht. Möglicherweise fällt Ihnen das Machen und Tun schwerer als jemandem, dem es in die Wiege gelegt wurde, der leicht, mühelos und in viel kürzerer Zeit alles erledigen kann. Können Sie den Unterschied erkennen? Die Konsequenz daraus besteht jedoch alternativ auch in der Option, sich mit Menschen zu umgeben, die Sie in Ihren Stärken ergänzen können.

Eine so genannte Schwächenanalyse ist hervorragend geeignet, genau dies herauszufinden. Bleiben Sie klar und distanziert in der Einschätzung „gut“ oder „schlecht“, denn sie wird von Ihrem Anspruch und Ihrer eigenen Erwartungshaltung geleitet. Schauen Sie genauer hin. Deshalb ist es nutzbringend, in Bezug auf Ihre Ziele zu überprüfen, was Sie zur Zielerreichung benötigen, ob Sie die notwendigen Stärken mitbringen und was oder wer noch fehlt. Tun Sie das, was Sie gut können, und lassen Sie andere das für Sie tun, was Ihre Schwächen, aber deren Stärken sind. So erzeugt man Synergien.

### O (Opportunities) = Opportunitäten: Ihre Ressourcen und Chancen, die im Außen liegen

Damit sind wir bei den Opportunitäten, d. h. den Ressourcen, die im Außen liegen.

Machen Sie sich eine Liste der Finanzen und materiellen Güter, die Sie ihr eigen nennen, eine Liste der Menschen, die Ihnen am Herzen liegen, der Familienmitglieder, Freunde und Bekannten, die Ihnen helfen könnten. Stellen Sie neue Kontakte her und erweitern Sie Ihre Netzwerke. Sie werden erkennen und lernen, dass Sie sehr viel mehr Möglichkeiten haben, als es zu Beginn den Anschein hatte.

### T (Threats) = Bedrohungen: Ihre Risiken, die im Außen liegen

Zu den Bedrohungen zählen analog die fehlenden Ressourcen und Risiken, die auf Sie zukommen könnten. Dazu gehören kurz- und mittelfristig die Finanzmittel. Analysieren Sie Ihre Situation ohne Wenn und Aber. So gewinnen Sie erst mal Boden unter den Füßen und fühlen sich sicher, weil Sie erkennen werden, was primär zu tun ist, um die finanzielle Situation wieder in den Griff zu bekommen. Ein schwierigeres Unterfangen ist es, wenn vertraute Menschen fehlen, auf die man sich in Notsituationen verlassen kann, die sich kümmern, wie Familienmitglieder und/oder Freunde. Schauen Sie genau hin – ohne Vorwürfe, möglichst ohne Traurigkeit und ohne in die Opferhaltung oder Selbst-Mitleid zu fallen. Nehmen Sie das Ruder selbst in die Hand und entscheiden Sie, wer gut zu Ihnen passt und wer nicht mehr. Suchen Sie sich im Zweifelsfall neue Freunde, neue Menschen, die mehr mit Ihnen gemeinsam haben und Sie unterstützen wollen.

### Ihr Profil

Wenn Sie diesen SWOT-Prozess abgeschlossen haben, ist es Ihre nächste Aufgabe, sich zu fokussieren.

Ein weiterer Schritt ist deshalb notwendig, um Ihr persönliches Profil noch weiter zu schärfen:

Dies ist ein recht einfacher und doch entscheidender Schritt: Nehmen Sie die ersten drei bis fünf Ihrer wichtigsten Stärken und gleichen Sie diese nun mit den Opportunitäten, also den Ressourcen und Chancen im Außen ab. Sie werden erkennen, welche Möglichkeiten vor Ihnen liegen und was zusammen passt.

**BEISPIEL**

Ein einfaches Beispiel: Wenn Sie der Finanzmanager in einem Unternehmen sind und eher introvertiert wirken, weil Sie glauben, dass dies zu Ihrer Rolle am besten passt, Sie jedoch in Ihrem tiefsten Innern extrovertiert sind und ins Rampenlicht wollen, sollten Sie bei der nächsten Chance, die Ihnen dazu geboten wird, zugreifen. Um dieser Möglichkeit in Ihrem Leben einen Platz zu geben, wäre es klug, sich dieser Extrovertiertheit, die eine innere Stärke ist, bewusst zu werden. Das erkennen Sie zum Beispiel daran, dass Sie sich in Ihrem Privatleben völlig anders verhalten, sich mit Freude und Selbstbewusstsein erfolgreich exponieren. Das sind die Signale, und es wäre ein Überlegung wert, sich bei der Suche nach neuen Aufgaben oder einem neuen Job auf Angebote zu fokussieren, die diese Qualitäten und Stärken benötigen.

Diese Übung birgt die kreative Überraschung in sich, einen Aha-Effekt. Potenziale und neue Optionen entstehen, wenn der Abgleich von Stärken und Ressourcen erfolgt. Es ist, als ob eine neue Tür aufgeht und man aus dem Dunkeln tritt, wenn man erkennt, welche Möglichkeiten in einem selbst stecken und an die man bisher nicht gedacht hat. Und selbstverständlich, welche Chancen tatsächlich existieren. Es gilt, sich darauf in Zukunft konzentrieren.

Die gleiche Übung müssen wir nun auch mit den Schwächen und Risiken durchführen. Nehmen Sie auch hier Ihre drei bis fünf wichtigsten Erkenntnisse und gleichen Sie sie ab mit den Risiken, die im Außen auftauchen. Daraus erkennen Sie automatisch die Prioritäten, die Sie setzen sollten.

**BEISPIEL**

Ein einfaches Beispiel: Wenn Sie finanzielle Engpässe haben und keine Bank der Welt Ihnen einen Kredit zur Verfügung stellt, bis Sie einen neuen Job gefunden und einen Vertrag vorgelegt haben, wäre das die größte Herausforderung für Sie. Zu der Entwicklung und Umsetzung Ihrer Zukunftsideen müssten Sie dieses Problem zuerst lösen. Falls es zu Beginn nicht gleich so dramatisch ist, können Sie sich entspannt um Ihre neue berufliche Zukunft kümmern.

### 6.3.5 Stellen Sie sich die richtigen Fragen!

Ihre persönliche Standortbestimmung, Zielfindung und persönliche Strategie-Entwicklung können Sie sich dadurch erleichtern, indem Sie sich die richtigen Fragen stellen. Stellen Sie sich intelligente Fragen, dann erhalten Sie intelligente Antworten. Chancen und die für Sie passenden Menschen erscheinen in wundersamer Weise dann auf Ihrer Bildfläche. Dann, wenn Sie dafür bereit sind, d. h., wenn Sie wissen, wohin Sie wollen und sich entsprechend mental und emotional ausrichten. Erkenntnisse gewinnen heißt, Antworten auf Fragen zu finden, die Ihr Leben in allen seinen Facetten betrifft.

Nehmen Sie sich die Zeit und fragen Sie sich:

- Wer bin ich bzw. wer will ich sein?
- Was ist mein Beruf – was ist meine Berufung?
- Wofür will ich stehen?
- Was will ich den Menschen um mich herum zurückgeben?
- Was wünsche ich mir in meinen Beziehungen?
- Wie will ich leben?
- Mit wem und wo will ich leben?
- Was macht mir wirklich Freude?
- Was wünsche ich mir auf emotionaler Ebene?
- Was wünsche ich mir auf materieller Ebene?
- Was wünsche ich mir auf spiritueller Ebene?

Zwei Kernfragen, die unbedingt dazu gehören:

- Was würden Sie wirklich tun wollen, wenn Sie finanziell unabhängig wären?
- Was würden Sie tun, wenn Sie definitiv wüssten, dass Sie erfolgreich wären und nicht scheitern könnten?

Schreiben Sie die Antworten auf diese und ähnliche Fragen auf, und zwar einfach alles, was Ihnen dazu einfällt. Sortieren in die beschriebenen Kategorien an Stärken, Schwächen, Chancen und Risiken können Sie auch später.

Ehrlichkeit sich selbst gegenüber ist der Schlüssel zur Erkenntnis und zu Ihrem einzigartigen Weg. Während Sie über mögliche Antworten nachdenken, werden Sie realisieren und erkennen, dass nichts im Leben in Stein gemeißelt ist. Alles lässt sich verändern. Einfach alles. Sie können Antworten ruhig verwerfen und verändern, so lange, bis es sich richtig anfühlt. Es geht nichts verloren, so lange Sie alles aufschreiben. Vielleicht erhalten Sie ja Antworten wie

- Ich bin hier, um andere Menschen zu unterstützen in deren Veränderungsprozessen.
- Ich bin hier, um kranken Kindern zu helfen.
- Ich bin hier, um meine größte Stärke und Ressource Menschen für deren Wohl zur Verfügung zu stellen.
- Ich bin hier, um die Welt zu verändern!

Von Natur aus sind wir Menschen kreative Wesen, die sich um andere kümmern wollen. Geben Sie niemals Ihre Träume auf. Auf der ernsthaften Suche nach Antworten auf diese Fragen werden Sie der einen oder anderen Überraschung begegnen.

Von Natur aus neugierig und wissbegierig war die Suche nach Antworten für mich ein spannender Prozess: aufregend, ergreifend, begeisternd, mit Freude und positiver Energie! Es machte klick und der Groschen fiel. Seither weiß ich, wohin ich will. Und um dorthin zu kommen, galt es wieder zu lernen, zu lesen, Workshops zu besuchen, Neues auszuprobieren und mich weiterzuentwickeln.

Die Reflektion auf der persönlich-privaten Ebene ist ein wichtiger Bestandteil dieses Prozesses. Sich für alles NEU entscheiden zu können, ist ein wichtiger Teil der Erkenntnis. Wir müssen deshalb nicht alles über Bord werfen, doch wir sollten alles, was wir bisher getan und gedacht haben, genau ansehen, es hinterfragen und darüber eine neue Entscheidung treffen. Dazu gehören auch die Vorstellungen von der Welt, Werte, Glaubenssätze, Ansichten und das, was wir über andere Menschen denken, unsere Vor-Urteile. Wenn die bisherigen Werte, Bilder, Dinge und Menschen nicht mehr zu Ihnen passen oder deren negative Energie Sie blockiert, bremst oder Ihre Energie raubt, müssen Sie sie ändern oder sich davon trennen. Es gilt, heraus aus der Komfortzone zu gehen und zu neuen, bisher unbekannten Ufern aufzubrechen. Es geht um nichts weniger als um die Gestaltung der uns verbliebenen Zeit, die wir im Leben noch haben. Sie sind bei diesem Prozess zuerst nur sich selbst Rechenschaft schuldig. Wir sind freie, selbstbestimmte Menschen. So wurden wir geboren, so sollten wir auch wieder gehen können.

Sie finden Ihre eigenen Antworten.

### 6.3.6 Lassen Sie sich von einem Personal Coach unterstützen!

Ich habe mich in diesem Prozess professionell coachen lassen, und das, obwohl ich selbst als Coach ausgebildet bin. Doch wenn es um einen selbst geht, gibt es genügend blinde Flecken, die man nicht sehen kann oder nicht sehen will. Ich habe mit unterschiedlichen Coachs gearbeitet. Jeder hat mich mit seiner eigenen Art und Ausbildung ein großes Stück weitergebracht. Dafür bin ich diesen Menschen zutiefst dankbar.

Sie brauchen einen Menschen, dem Sie sich ganz anvertrauen können, der Ihnen zuhört, der Sie versteht und zu Ihnen steht – bedingungslos. Eine neutrale Person eignet sich dazu am besten. Das Ziel des Coaching wird es sein, Sie durch den Prozess zu begleiten, innere Klarheit zu finden, wieder den Boden unter den Füßen zu gewinnen und Ihnen helfend die Hand zu reichen, während Sie aus der Talsohle wieder herausklettern. Ziel ist es, die emotionalen und mentalen Muskeln wieder aufzubauen. Sie arbeiten an einer neuen Sichtweise von sich selbst und den Menschen um Sie herum.

Mit einem guten Personal Coach verdrängt man nicht das Trauma und die Emotionen, man lügt sich selbst nicht in die Tasche und arbeitet sich tatsächlich zum Kern vor, zu der eigenen Essenz. Sie werden reflektieren über das, was passiert ist, was der Job und die anschließende Kündigung mit Ihnen gemacht haben. Sie begreifen erstens Ihren eigenen Anteil daran und können sich zweitens dann davon verabschieden, können schließlich die Erinnerung an das Ereignis und die Menschen, die dabei eine Rolle spielten, loslassen.

Ein Personal Coach ist neutral, lässt sich nicht blenden und sieht in Ihnen oftmals viel mehr, als Sie selbst je zu erkennen vermögen. Er hilft, die Dinge aus Vogelperspektive zu betrachten, das große Ganze zu sehen, um die richtigen Entscheidungen zu treffen. Er sieht Ihre Stärken und Ressourcen und hilft, die Spreu vom Weizen zu trennen. Es wird Ihnen nach solchen Gesprächen jedes Mal besser gehen, und vor allem werden Sie sehr viel schneller an Ihr Ziel gelangen.

### 6.3.7 Denken Sie positiv und starten Sie wieder durch!

Bleiben Sie optimistisch und zuversichtlich – egal, was (noch) passiert. Der Optimist hat allen Grund optimistisch zu sein, der Pessimist hat allen Grund pessimistisch zu sein.

Wie wird oder bleibt man Optimist? Durch die eigenen positiven Gedanken. Louise Hay, amerikanische Bestseller-Autorin zum Thema „Positives Denken", hat in unzähligen Büchern und Workshops beschrieben, wie das geht. Sie erklärt, dass wir uns zuerst der Emotionen, die durch die Gedanken entsprechend ausgelöst werden, bewusst werden müssen. Und das täglich, stündlich und in dem jeweiligen Moment. Wenn man sich bereits morgens im Spiegel mürrisch anschaut und gedanklich wenig freundlich zu sich selbst ist, wird der ganze Tag wahrscheinlich von negativen Gedanken und Emotionen begleitet sein. Die Reaktionen des Umfelds sind passend. Damit wird der Tag auch nicht besser. Bewusste Gedankenführung heißt, seine Gedanken zu kontrollieren, die negativen zu entlarven und sofort in positive umzuformulieren. Die positive Grundhaltung zu sich selbst kann nur entstehen, wenn wir uns solcher Momente bewusst werden. Erst wenn wir sie beobachten, können wir sie verändern. In diesem Moment ist positive Affirmation sinnvoll und wirkt auch.

Sagen Sie sich stattdessen: „ Ich bin gut so, wie ich bin, und gebe mein Bestes. Dieser Tag wird ein guter Tag werden." Dann wird er es auch sicher.

Positiv denken heißt bewusst denken. Denken Sie bewusst über Ihre Intentionen und Ziele nach und formulieren Sie sie als Absichten. Entwickeln Sie eine positive Willensstärke, zeigen Sie Durchhaltevermögen und treffen Sie Entscheidungen. Glauben Sie an sich selbst – Sie haben es verdient! Handeln Sie. Haben Sie den Mut dazu. Nehmen Sie eine Kündigung als einen Meilenstein von vielen in Ihrer beruflichen Karriere wahr. Eine negative Erfahrung gehört zu jeder erfolgreichen Karriere, zu jeder Erfolgsgeschichte dazu. Erfolg im Beruf ist nicht verknüpft mit dem Attribut „ungekündigt", sondern erfolgreich ist, wer nach einer Kündigung wieder aufsteht und selbstbewusst neu durchstartet.

## 6.4 Erste Hilfe nach der Kündigung: der „Emergency“-Plan

Wenn Sie gerade gekündigt wurden oder wenn Sie befürchten, dass das demnächst auf Sie zukommen wird, sollten Sie folgende Punkte unbedingt beherzigen.

**Verhaltensregeln bei einer Kündigung**

| |
|---|
| 1. Sagen Sie nichts und unterschreiben Sie nichts! |
| 2. Rufen Sie sofort Ihren Rechtsanwalt oder einen Mediator an. |
| 3. Melden Sie sich bei einem Personal Coach. |

### 6.4.1 Sagen Sie nichts und unterschreiben Sie nichts!

Lassen Sie sich nicht von Ihren Emotionen überwältigen. Geben Sie diesen in keinem Fall nach und sagen Sie kein Wort, außer, dass das Kündigungsschreiben zuerst von Ihrem Anwalt geprüft werden muss, bevor Sie es unterschreiben. Bestätigen Sie auch nicht den Erhalt Ihrer Kündigung mit Ihrer Unterschrift, damit Sie Ihren Verhandlungsspielraum beibehalten können. Es ist eine Sache von einer Stunde, bis Sie einen Anwalt erreicht und mit ihm das Notwendigste besprochen haben. Das akzeptiert jeder Vorgesetzte. Soviel Zeit muss sein.

Bewahren Sie Haltung und damit Ihre Würde. Keine Diskussion, keine Vorwürfe oder unangemessene Kommentare werden Ihnen den Job zurückgeben, auch keine Wutanfälle oder der verängstigte Blick eines Kaninchens, das die Schlange anstarrt. Wenn Sie Ihren Gefühlen und desaströsen Gedanken nachgeben, kann es passieren, dass Sie etwas tun, sagen oder sich auf etwas einlassen, das später negative finanzielle oder rechtliche Konsequenzen hat.

Bleiben Sie also gefasst, schauen Sie Ihr Gegenüber ruhig an, nehmen Sie das Schriftstück entgegen, bedanken Sie sich, verabschieden Sie sich und verlassen hoch erhobenen Hauptes den Raum.

### 6.4.2 Rufen Sie sofort Ihren Rechtsanwalt oder einen Mediator an

Jeder Manager sollte immer die Telefonnummern eines guten Rechtsanwalts für Arbeitsrecht bei sich tragen. Heutzutage muss man auf alles gefasst sein. Suchen Sie sich möglichst einen Rechtsanwalt, der sich als Mediator versteht und nicht als Aggressor. Er soll für Sie vermitteln und Schadensbegrenzung erreichen. Ziehen Sie in jedem Fall eine professionelle, juristische Unterstützung zu Rate. Verhandeln Sie mit dem Arbeitgeber in keinem Fall auf eigene Faust und allein. Der Aufhebungsvertrag und die für Sie wichtigsten Punkte, wie z. B. bezahlter Kündigungszeitraum, Freistellung und Kommunikation (wer kommuniziert was an wen) sollten zusammen mit Ihrem Anwalt besprochen, entworfen und unterschrieben werden — so lange Sie noch direkten Kontakt mit Ihrem Vorgesetzten oder anderen wichtigen Personen im Unternehmen haben. Das kann noch am gleichen Tag bzw. in der gleichen Woche geschehen und abgewickelt werden. Bestehen Sie darauf. Entgegen der Meinung von einigen Juristen empfehlen wir, die hier zu Wort kommen, diese Vorgehensweise aus einem einfachen Grund: wenn Sie erst einmal raus sind aus dem Unternehmen und keinen persönlichen Kontakt mehr zu den relevanten Personen haben, wird — je mehr Zeit verstreicht — die Verhandlungsbereitschaft der Gegenseite immer geringer werden. Weshalb? Weil es der menschlichen Natur entspricht: „aus den Augen, aus dem Sinn!“ Er oder sie wird stattdessen die Verhandlungen den gegnerischen Anwälten überlassen, die Sie nicht kennen und kein persönliches Interesse an Ihrem Wohlergehen haben. Je früher Sie also die Verhandlung abschließen können, desto besser für Sie. „Man isst die Suppe solange, solange sie noch heiß ist.“ Ein weiterer Vorteil besteht darin, dass Sie selbst die ganze Angelegenheit in sehr viel kürzerer Zeit ad acta legen und sich ohne Ballast direkt um Ihre neue Zukunft kümmern können.

### 6.4.3 Melden Sie sich bei einem Personal Coach!

Ein erstes Coaching-Gespräch mit jemandem, der sich mit der Thematik auskennt, hilft Ihnen die Tage und Wochen danach und über die schwierigsten Hürden hinweg. Glauben Sie mir, Sie brauchen in diesen Tagen dringend jemanden, mit dem Sie sprechen und sich emotional wie mental Luft verschaffen können. Jemanden, der Ihnen die richtigen Fragen stellt. Das tut gut und ist daher für die seelische Gesundheit und gerade nach einer so negativen Erfahrung für Ihre weitere erfolgreiche Zukunft extrem wichtig. Sie brauchen einen Sparringspartner, der Ihnen hilft, alles ins richtige Licht zu rücken, und der Sie bei der Entwicklung der nächsten Schritte begleitet: einer Standortbestimmung, einer Analyse der Stärken und Ressourcen, den nächsten Job-Opportunitäten und den Finanzen. Ihre Freunde oder Ihre Familie können hier nur begrenzt Hilfestellung geben, da sie einseitig, d. h. ausschließlich aus ihrer persönlichen Wertewelt und eigenen Bedürfnissen heraus argumentieren werden.

Vielleicht wollen Sie ja etwas ganz anderes. Eine Person wie ein Personal Coach kann Ihnen dabei objektiv zur Seite stehen und helfen, Ihre versteckten Ressourcen und Träume aufzudecken.

### 6.4.4 „Emergency"-Kontakt!

Falls Sie keinen Personal Coach kennen und Rat brauchen, können Sie mich per E-Mail erreichen. Die genaue E-Mail-Adresse finden Sie am Ende in dem Kapitel „Die Autorin".

Ich arbeite mit einem Team aus exzellenten und professionellen Personal Coachs in Deutschland, in der Schweiz und in Österreich zusammen. Wir sind in der Lage, Ihnen sofort zu helfen bzw. die entsprechenden Kontakte herzustellen zu Experten, die Sie benötigen. Nennen Sie mir bitte Ihre Kontaktdaten (Name, Stadt/Land, Skype oder E-Mail-Adresse, welche Position Sie hatten, was passiert ist und was Sie brauchen). Wir melden uns umgehend.

## 6.5 Ein Personalberater empfiehlt …

Rainer Faistauer gehört zu den renommiertesten Personalberatern in der Schweiz. Er war langjährig als Schweizer Geschäftsführer für „Korn Ferry International" tätig. Seit drei Jahren ist er Partner bei „Boyden Global Executive Search" in Zürich.

**„Werden die Such-und Selektionskriterien für Manager verändert in wirtschaftlich schwierigen Zeiten, wenn es viele Kündigungen gibt?“**

*Rainer Faistauer: „Ja, das kann man wohl uneingeschränkt so sagen. Unternehmensseitig, das heißt seitens unserer Kunden, hat sich in den letzten Jahren sehr viel verändert. Verwaltungsräte, Vorstände und Geschäftsführer sind bei der Suche nach Managern gnadenlos auf das Finden eines Wunschkandidaten ausgerichtet. Sie machen kaum noch Kompromisse, weil man keine Risiken mehr eingehen will. Heutzutage suchen Unternehmen sehr viel länger nach ihrem Wunschkandidaten als früher. Es sei denn, man ist unter irgendeinem zeitlichen Druck, doch das sind die wenigsten. Auf der Kundenseite ist man sehr, sehr anspruchsvoll geworden. Ein Kandidat, der auf der menschlichen, persönlichen Ebene nicht genau passt, mit dem funktioniert es nicht. Dann kann man es gerade schon vergessen. Das Fachwissen und die Erfahrungen werden einfach vorausgesetzt. Das ist kein Unterscheidungskriterium mehr bei der Auswahl von Kandidaten. In erster Linie muss die Chemie stimmen. Wir bemühen uns immer im Idealfall einen „lateral move“ herzustellen. Das ist optimal. Das heißt, dass der Kandidat schon das meiste im Vorfeld bewiesen hat. Dann müssen wir nicht vermuten, ob jemand von der Stufe III in die nächsthöhere Stufe II vorrücken kann und so weiter. Wir präsentieren dann schon jemanden, der zum Beispiel bereits 100 Leute geführt hat. Dann wissen wir mit großer Sicherheit, dass er wahrscheinlich auch 150 oder 300 Mitarbeiter führen kann.*

*Anderes Beispiel: Bei jemandem, der schon international gearbeitet hat, aber noch nie in Asien, gehen wir davon aus, dass er auch den Sprung nach Asien schaffen wird. Oder jemand, der schon einmal in einem angelsächsischen Umfeld gearbeitet hat und nicht nur in einem rein schweizerischen Unternehmen, wird vermutlich auch keine Probleme haben in einem amerikanischen Unternehmen, wo die Vorgaben und Leistungserbringung viel kurzfristiger angelegt sind. Wir wollen schließlich keine Garantiefälle. Wechselwillige Kandidaten sind ebenfalls sehr viel vorsichtiger geworden. Vor allem diejenigen, die aus einer gesicherten Position heraus verhandeln, wollen weniger Risiken eingehen als früher. Das ist eigentlich die Situation. Kandidaten, die nicht wechseln müssen, suchen deshalb zeitlich ebenfalls etwas länger.“*

**„Wenn Unternehmen einen neuen Manager suchen: Spielt es dabei eine Rolle, ob einem Kandidaten früher bereits einmal gekündigt wurde?“**

*Rainer Faistauer: „Es wird zunächst nicht danach gefragt, doch wenn es zur Sprache kommt, entsteht vielleicht eine kleine Unsicherheit. Das ist wohl so; doch man muss sich keine Sorgen machen, denn bisher haben ja alle Gekündigten wieder angefangen zu arbeiten. Rückblickend sagen alle, dass die Kündigung an sich ein gutes und wichtiges Erlebnis war. Dass es ihnen etwas gebracht hat, dass es sie menschlicher gemacht hat, offener. Sie haben auch gelernt zu unterscheiden, wer zu ihnen steht und wer nicht. Solche Manager haben dadurch einfach eine viel differenziertere Betrachtungsweise erhalten – zur Umwelt, zum Umfeld, zu den Kollegen. Und vor allen Dingen zu sich selbst. Diese Erkenntnisse helfen später in einer neuen Position, den Mitarbeitern gegenüber und dem neuen Unternehmen generell. Meiner Erfahrung nach hat heutzutage bereits jeder zweite Manager in seiner Karriere eine Kündigung durchgemacht.“*

**„Wie erleben Sie die Manager, denen gekündigt worden ist? Gibt es einen Unterschied im Auftreten?“**

*Rainer Faistauer: „Die wenigsten sehen die eigene Kündigung wirklich total schwarz. Die meisten, die zu uns kommen, haben eine positive Grundeinstellung. Sie sehen, da gibt es eine Chance, sie packen das schon, vor allem, wenn sie relativ kurz nach einer Freistellung oder nach einer Trennung stehen. Dann hat man noch volle Motivation. Dann nimmt man sich sowieso zurück. Vermutlich hat man eine Bestandsaufnahme für sich selber gemacht. Man sieht einmal in den eigenen Spiegel und analysiert, was passt eigentlich am besten und was nicht mehr. So eine Bestandsaufnahme ist eine notwendige Sache, etwas, was man sonst ja selten macht, weil immer alles gerade vorwärts läuft. In so einem Fall hat man die Chance, sich die Frage zu stellen, wo will ich hin, wenn ich jetzt selber die Schrauben drehen kann. Ich würde empfehlen, man sollte sich nicht unter Druck setzen lassen. Das ist sicher einfacher gesagt als getan, wenn man so von außen berät. Und ich kenne ja bei den wenigsten die finanzielle und private Situation. Meistens hat man eine längere Kündigungszeit und die kann man ja sinnvoll nutzen. Die Kündigungsfrist liegt auf der Stufe, über die wir reden, bei sechs Monaten im Schnitt. In dieser Zeit sollte man bei der Suche nach einem neuen Unternehmen wahrscheinlich keine Kompromisse machen. Zudem treten die Betroffenen nicht ganz so überheblich oder selbstbewusst auf wie vielleicht andere. Doch wichtig ist trotzdem, dass sie mit genügend Selbstbewusstsein auftreten. Wenn man dem Kandidaten schon ansieht, dass die Mundwinkel herunterhängen, dann hat er weder bei uns noch beim Kunden eine Chance.*

*Ich würde auch empfehlen, dass man die Kündigung proaktiv ansprechen sollte. Verschleiern ist immer schlecht. Man muss diese Tatsache offen kommunizieren und man muss natürlich einen ganzen Satz an Argumenten parat haben, warum es nicht mehr geklappt hat und weshalb es in einem neuen Umfeld besser werden wird. Der Kandidat muss zudem ziemlich genau wissen, wo er hin will. Wir suchen immer im Auftrag eines Unternehmens und entwickeln zeitgerecht eine ‚Short-List'. Wir können dabei in jedem Fall nicht nur Kandidaten vorstellen, die alle aktiv einen neuen Job suchen. In so einem Fall hätte der Kunde das Gefühl, dass er zum gleichen Resultat gekommen wäre, wenn er eine Anzeige geschaltet hätte."*

**„Das heißt, die ‚Shortlist', die Sie Ihrem Kunden vorstellen, besteht aus einer Gruppe von Kandidaten, von denen mindestens die Hälfte noch in Unternehmen tätig und angestellt ist."**

*Rainer Faistauer: „Ja, das ist so. Aber es gibt natürlich Situationen, da passt jemand, der aktiv sucht, natürlich bestens rein. Ich glaube, im Interview-Prozess spielt es irgendwann keine Rolle mehr, ob man noch in der Anstellung ist oder frei. Dann sind die Persönlichkeit und die Erfahrung die wichtigeren Kriterien. Dann kann es sogar zum Schluss in der Endauswahl zwischen zwei Kandidaten zum Vorteil werden, kurzfristig verfügbar zu sein. Es kann sich dann also im letzten Moment alles nochmal drehen. Wichtig ist nur, dass man überhaupt die Chance kriegt, sich irgendwo zu präsentieren. Das ist der kritische Punkt. Und es braucht gute Gründe, warum es in dem vorherigen Unternehmen nicht mehr geklappt hat. Und klar, da muss jeder überzeugend genug sein, dass in dem neuen Umfeld das Resultat besser werden wird als im Umfeld vorher. Die Argumente für die Kündigung müssen natürlich stimmen, wie zum Beispiel Restrukturierung."*

**„Wo bzw. wann sehen Sie Probleme auf einen Manager zukommen, der eine neue Aufgabe sucht – egal, ob gekündigt oder angestellt?"**

*Rainer Faistauer: „Wenn Sie zum Beispiel in Ost-Asien sitzen und innerhalb des eigenen Konzerns nicht mehr zurückkommen, dann wird es schwierig. Aus Ost-Asien heraus können Sie kaum eine neue Position in Europa suchen und finden.*

*Da kommen Sie vielleicht einmal zum Interview, weil Sie es mit den Ferien kombinieren können. Ein zweites Mal können Sie den Termin vielleicht mit Business kombinieren. Häufig jedoch werden drei bis vier Interviewtermine angesetzt. Das schaffen Sie dann nicht mehr. Und dann wird's schwierig. Oder Sie müssen wirklich so geeignet sein, dass das Unternehmen sagt, okay, wir machen ein Telefon- oder ein Videointerview."*

**„Das heißt, einmal Ost-Asien – immer Ost-Asien?"**

*Rainer Faistauer: „Ja, in der Regel schon. Ich glaube, das liegt zum einen an der Distanz und zum zweiten an der Schwierigkeit, sich in den hiesigen Netzwerken zu präsentieren. Man verliert schnell die richtigen Kontakte. Zudem will das Unternehmen selbst jemanden, der sich erfolgreich im Ausland bewährt hat, nicht unbedingt zurückholen. Der soll eigentlich bleiben, wo er ist. Meistens fängt man ja nicht direkt in ‚Greater China' an, sondern vielleicht in Vietnam und erhält sukzessive mehr Verantwortung. So einen Manager will man am liebsten als Satellit behalten, der ständig im Ausland die Werte, die Ideen und die Strategien vertritt. Und für andere Unternehmen sind solche Manager fast zu weit weg. Andererseits hatten wir gerade eine CEO-Suche, bei der es Bedingung war, dass die Kandidaten mindestens fünf Jahre entweder in Asien oder in Nordamerika gelebt haben. Ich denke, diese Forderung wird immer häufiger kommen. Die asiatischen Firmen kommen immer mehr direkt nach Europa. Deshalb ist Verständnis für die verschiedenen Kulturen nötig. Meine Kollegen in Asien zum Beispiel sind ja auch nicht gleich getaktet wie ich. Die haben andere Qualitätsansprüche und sie beurteilen Personen unterschiedlich. Also, ich könnte mir jetzt nicht herausnehmen, dass ich einen Senior-Executive in Korea fundiert beurteilen kann. In Korea zum Beispiel kommt es vor allem auf Seniorität an, die in dieser Kultur offensichtlich sehr wichtig ist. Darauf würde ich jetzt aus der Sicht Schweiz heraus nicht unbedingt Wert legen."*

**„Halten Sie es für realistisch, dass man in sechs Monaten auf Spitzenmanager-Level eine neue Aufgabe findet?"**

*Rainer Faistauer: „Es ist schwierig. Wenn man keine Kompromisse eingehen möchte, dann würde ich ein Jahr ansetzen. Und jetzt stellt sich die Frage, was macht man in diesem Jahr dann. Das ist eigentlich der kritische Aspekt, der auch betrachtet werden muss und wird – von allen Seiten."*

**„Was darf man tun und was darf man nicht tun? Ein Jahr auf Weltreise gehen zum Beispiel, ist das ein ‚No-Go'?"**

*Rainer Faistauer: „Eine Weltreise anzutreten ist noch sympathisch. Das würde ich machen, aber nicht für ein Jahr, sondern vielleicht für zwei Monate. Und zwar sofort nach der Kündigung. Ich würde sofort alles zusammenpacken und dann nichts wie weg. Man ist dann auch noch nicht so belastet. Wenn man das erst nach drei Monaten macht, dann wird's schwierig. Man traut sich dann nicht mehr weg, weil einige Sachen bereits gestartet wurden, und dann ist es wichtig, dass man verfügbar ist. Ein anderer wichtiger Aspekt: Die meisten haben die letzten zehn, vielleicht 20 Jahre nie eine leere Agenda gehabt. Und das ist dann total deprimierend, wenn man plötzlich nicht mehr gefragt ist bzw. ein leeres Kalenderblatt vor sich hat. Niemand ruft an. Ich glaube, das Schwierige ist zu begreifen, dass man selbst und die früheren Aktivitäten nur an die Funktion gebunden waren und nicht an die Person. Sie werden dann nicht mehr automatisch eingeladen. Sie sind nicht mehr Teil dieses Netzwerks. Sie werden nicht mehr als so ein attraktiver Gesprächspartner gesehen und, und, und. Das geht relativ rasch! Das ist vermutlich auch der schwierigste Punkt: zu erkennen und zu verarbeiten, dass es nicht die Person war, die zählte, sondern die Position. Das tut weh. Schließlich verliert man sein vertrautes Umfeld und die Menschen, die man mochte, dazu. Und dann beginnt die Spirale nach unten. Man muss versuchen, gezielt dagegen zu steuern und in Erinnerung zu bleiben. Nachdem man von einer solchen zweimonatigen Reise zurückgekehrt ist, würde ich mich dann in jedem Fall anmelden bei passenden Management-Workshops in Harvard zum Beispiel oder in St. Gallen. Man bleibt am Ball, lernt wahrscheinlich Neues dazu und kann sogleich auf Augenhöhe wichtige neue Kontakte aufbauen. Was vielleicht noch sinnvoll sein könnte, ist, in der Suchphase Projektaufträge durchzuführen, vielleicht eine Pro-Bono-Tätigkeit. Also etwas, was interessant genug ist und sich lohnt, es im CV, also dem Curriculum Vitae, zu erwähnen. Bei der Gelegenheit kann man auch wieder sein Kontaktnetzwerk ausbauen. Zu Beginn der Suche ist es enorm wichtig, sofort die Kontakte zu etablierten und seriösen Personalberatern zu aktivieren und dabei voll in die Breite zu gehen. Social Media-Aktivitäten in den entsprechenden Netzwerken sind zudem ein Muss heutzutage. Man darf nicht sequenziell vorgehen, man muss wirklich alle über die eigene Situation und Motivation informieren."*

**„Es gibt ja auch die These, dass man sich als Manager nicht überall anbieten, sondern selektiv vorgehen sollte. Stimmen Sie dem zu?"**

*Rainer Faistauer: „Nein, aber man sollte sich natürlich nicht anbiedern. Man muss immer auf Augenhöhe kommunizieren. Man sollte nie zum Bittsteller werden. Was vielleicht nicht ganz einfach ist, doch man darf nie die Verhandlungsposition verlieren! Und man muss schon aufpassen, dass man nicht zu aggressiv wird andererseits. Das könnte kontraproduktiv sein. Wenn man damit beweisen will, dass man besser ist als sein Gegenüber mit irgendwelchen E-Mails oder was auch immer. Solche Geschichten kenne ich auch. Das spricht sich auch herum, da alle ja irgendwie vernetzt sind. Wenn man gekündigt wurde, muss man ein guter Verlierer sein.*

*Es empfiehlt sich, für sich selbst 20 Top-Firmen zu definieren: Welches Unternehmen an welchem Standort würde mich am meisten interessieren? Dann muss ich die Firmen analysieren, die Strukturen etc. und muss deren Mittelfrist- und Langfriststrategie verstehen, und vielleicht ergibt sich eine große Übereinstimmung mit den eigenen Zielen. Und dann muss man identifizieren, wer kennt dort wen. Man muss zudem die Mitglieder der Verwaltungsräte nach bekannten Gesichtern durchforsten. Meistens sind diese in mehreren Verwaltungsräten tätig, und je nach Person und Situation nimmt man entsprechend Kontakt auf. Eine Empfehlung auf dieser Stufe ist in jedem Fall besser als ein undifferenzierter Kontakt. Wenn man ein interessantes Profil hat, wird das intern immer an die richtigen Stellen weitergeleitet."*

**„Wie schwierig ist die Suche für Manager 50+?"**

*Rainer Faistauer: „Pauschal kann man nicht sagen, dass alle Personen ab 50 Jahren wirklich Probleme haben, eine neue Aufgabe zu finden. Die Kombination aus Seniorität und Flexibilität ist letztlich entscheidend. Nichtsdestotrotz, wenn ein Unternehmen einen Generationenwechsel anstrebt, zum Beispiel der jetzige CEO ist 60, der will zurücktreten oder er wurde in den Verwaltungsrat gewählt und jetzt sind leider die internen Kandidaten nicht gut genug oder haben sich nicht dafür interessiert oder Ähnliches: Dass man bei dieser Anfrage nicht einen 57-jährigen Kandidaten vorstellen kann, ist wohl nachvollziehbar. Da muss man irgendwo bei 40+ Jahren starten, wobei 50 Jahre die Obergrenze sind. Doch ansonsten ist das Alter normalerweise kein Thema. Also, ich würde mich überhaupt nicht verunsichern lassen. Nicht alles, was jung ist, ist auch erfolgreich. Und in der Altersfrage kommt es zudem auf die Branche an. Innerhalb IT oder im Bereich Social Media Marketing ist das Alter sicher ein Thema wegen des aktuelleren Know-how, doch wenn man im Verkauf oder in den Finanzen oder als CEO arbeiten möchte, dann spielt das Alter eine sehr viel geringere Rolle. Meine persönliche Daumenregel: Man muss bei der Suche nach einer neuen Aufgabe pro Altersjahr ab 50 vielleicht einen Monat länger einkalkulieren."*

***„Wie wichtig ist die Diskussion um das zukünftige Gehalt, wenn jemand, um den Job zu bekommen, bereit ist, auf einen Teil des Einkommens zu verzichten?"***

*Rainer Faistauer: „Bei jemandem, der aus einer aktiven Position kommt, wäre das ein bisschen verdächtig. Ich frage mich, warum verzichtet einer freiwillig auf einen Teil seines Einkommens. Es kommt vor allem auf die Argumentation an. Sie müssen dies erklären können. Sonst hat man schon das Gefühl, da ist irgendwas im Argen in dem jetzigen Job. Da kommt bald eine Kündigung. Wenn jemand bei uns sehr offen über seine finanzielle Situation berichtet, dann werde ich hellhörig. Es muss handfeste Motivatoren geben, um einen Wechsel machen zu wollen. Zum Beispiel, wenn Sie sagen können, ich will eigentlich meine internationale Karriere nicht mehr fortsetzen, sondern ich möchte nur noch national tätig sein. Ich habe Kinder im schulpflichtigen Alter etc. Ich glaube, das verstehen viele und das ist glaubwürdig. Wenn man mehr verdienen will, das versteht man sowieso, doch nicht, wenn jemand bereit ist, auf Einkommen zu verzichten."*

***„Den freiwilligen Verzicht auf einen Teil des Einkommens bewerten Sie demnach eher skeptisch, weil Sie glauben, dass die Person versucht, etwas zu vertuschen? Ist das Ihr Kritikpunkt?"***

*Rainer Faistauer: „Ich denke, ja. Er kann doch klar sagen, was los ist. Er kann klar sagen, eine neue Position ist für ihn interessanter, weil .... Ein Kandidat kann doch durchaus argumentieren, dass er mit der Politik des Unternehmens, mit den Zielen, der neuen strategischen Ausrichtung etc. nicht einverstanden ist. Dass er seine Position nicht gefährdet sieht – im Gegenteil: ein nächster Karriereschritt ist konkret diskutiert worden, aber er sieht sich in dem Unternehmen nicht mehr. Mit dieser Argumentation habe ich kein Problem. In Banken oder in der Versicherungsbranche verdienen generische Manager, zum Beispiel der Leiter von Human Resources oder ein CIO, bestimmt 40 Prozent mehr als in anderen Branchen. Wer sich allerdings mit der eigenen Branche nicht mehr identifizieren kann, der wird bei der Suche nach einer neuen Branche entsprechend auf ein Drittel seines Einkommens verzichten müssen – und diese Argumente werden auch akzeptiert.*

*Ich persönlich muss die Argumente verstehen können, denn sonst sehe ich den Grund für einen Wechsel nicht oder ich kann ihn nicht nachvollziehen. Ich verstehe es auch, wenn einer sagt: ‚Ich muss jetzt jeden Montagmorgen nach Hamburg, und am Freitagabend komme ich wieder zurück, dort verdiene ich das Doppelte, aber das ist es mir nicht mehr wert. Ich habe das drei Jahre gemacht und jetzt die Nase gestrichen voll. Meine Familie hat sich definitiv geweigert umzuziehen. Jetzt back' ich kleinere Brötchen, dafür bin ich hier in meinem Freundeskreis.' Das kann ich nachvollziehen."*

**„Zusammengefasst geht es letztlich darum, sich selbst darüber klar zu werden, wie man sein Leben weiter gestalten will, zu welchen Kompromissen man bereit ist, und das alles möglichst glaubwürdig zu präsentieren?"**

*Rainer Faistauer: „Ja. Und nichts zu vertuschen oder zu denken, dass jemand es nicht mitkriegt, wenn man eine Geschichte erfindet. Wir haben ja genug Menschenerfahrung. Ich glaube schon, dass es Leute gibt, die eine Kündigung gerne verschweigen, weil sie eine falsche Vorstellung von dem haben, wie Menschen miteinander umgehen können. Das ist ja auch für uns unangenehm, wenn jemand gekündigt wurde, aber das passiert natürlich immer wieder – auch dass in einem Interviewprozess mit dem Kunden ein Kandidat plötzlich die Kündigung kriegt. Doch da gehen wir genauso proaktiv heran. Solange der Kandidat offen kommuniziert, habe ich kein Problem damit. Das ist eine neue Ausgangslage. Es ist vielleicht sogar besser für alle Beteiligten. Vorher war man ja überzeugt, dass man mit diesem Kandidaten reden möchte, warum soll man jetzt nicht mehr überzeugt sein? Und dann hat man ja noch die Chance, Referenzen einzuholen. Es ist nur peinlich für mich und natürlich dann auch für den Kandidaten, wenn so etwas erst mit Verzögerung auftaucht. Das wäre nicht gut. Also, bitte die Karten direkt auf den Tisch! Das ist das Beste."*

**„Gibt es Ihrer Erfahrung nach im Vorfeld Signale für einen Manager, wenn eine Kündigung naht?"**

*Rainer Faistauer: „Für die meisten Manager schon. Sie denken sehr frühzeitig daran, wenn sie bereits einige kritische E-Mails oder negative Aussagen zu einem*

*Projektabschluss Quartalsabschluss etc. erhalten haben. Dann denken die meisten: ‚Aha, okay, Achtung! Vielleicht wird's eng!' Dann positionieren sie sich schon und klopfen bei uns an."*

**„Was ist Ihrer Meinung nach das Wichtigste für einen Manager zu wissen oder zu tun, dem gekündigt wurde?"**

*Rainer Faistauer: „Nicht in dem Drama unterzugehen! Die Zeit nagt natürlich dann an einem und erschwert das Ganze. Man misst das dann daran, dass man sich die Fragen stellt: Wie oft habe ich überhaupt die Chance irgendwo vorzusprechen? Habe ich überhaupt schon ein Angebot bekommen, das ich dann abgelehnt habe? Wenn das der Fall ist, stärkt diese Entscheidung das Selbstvertrauen und das Selbstbewusstsein. Man kann sich sagen, das passt nicht, da muss noch was Besseres dort draußen sein. Positives Denken sozusagen. Das hilft auch. Was jedoch nicht geht, ist, wenn ein Kandidat ein Nein nicht akzeptieren kann. Zum Beispiel, wenn ein Kandidat sagt, er sei bereit, die ersten drei Monate auch gratis zu arbeiten, weil er überzeugt ist, dass der Job der Richtige ist für ihn. Der Schuss geht für den Kandidaten natürlich nach hinten los, weil es ja nicht ums Geld geht. Das Einkommen ist sowieso im Budget kalkuliert. Die Firma will am Ende des Tages doch sicher sein, dass es der richtige Kandidat ist. Sie will keine Kompromisse eingehen, weil sie so eine Besetzung ja nicht jedes Jahr macht. Es geht doch nicht darum, dass der neue Manager nichts kosten darf. Dazu kommt der Imageschaden für das Unternehmen. Auch wenn man einen solchen Vorschlag als Demonstration werten kann, dass sich der Kandidat seines Erfolges sicher ist und auch bereit ist, ein entsprechendes Risiko zu übernehmen. Das klingt zunächst ja auch sympathisch. Im Geschäftsleben kann das noch funktionieren, doch bei der Personalauswahl geht es nicht um einen Deal, bei dem man den besten Preis abgeben muss, um erfolgreich zu sein. Zudem ist es generell auch nicht gut, den Verwaltungs- oder Aufsichtsrat so unter Druck zu setzen. Das mag keiner. Man zweifelt mit so einem Vorschlag zudem die Urteilsfähigkeit des Aufsichtsrats bzw. Verwaltungsrats an. Das ist also keine gute Idee. Das geht gar nicht.*

*Eine Kündigung ist für sich genommen natürlich ein Einschnitt für jeden, dem das passiert. Und dann weiß man nicht, wie man damit umgehen kann. Ich kenne jetzt keinen Fall von denen, die so tun, als ob sie noch einen Job hätten und dann immer noch am Morgen früh losfahren von zu Hause. Wichtig ist, dass man kommuniziert und alle mit einbezieht. Auch die Nachbarn, dann gibt es kein Getuschel und kein blödes Gerede. Und die Familie, die Kinder muss man selbstverständlich einbeziehen. Ich glaube, Transparenz ist extrem wichtig für einen selbst und für alle anderen. Das ist immer gut.“*

## 6.6 „Auch dieses wird vorübergehen ...“

Auch wenn Sie jetzt durch die Kündigung in der größten Katastrophe stecken, in der Sie jemals waren, seien Sie versichert:

1. Sie kommen dort wieder heraus.
2. Es gibt wichtigeres im Leben als diesen Job, diese Firma oder diese Vorgesetzten.

Wenn Sie zurückblicken, was Sie heute vor einem Jahr gedacht und vor allem gefühlt haben in Bezug auf Ihren Job, werden Sie sich daran nicht mehr erinnern. Genau so werden Sie sich in einem Jahr oder in drei Jahren auch an dieses Ereignis nicht mehr in dieser Intensität erinnern. Es wird in weite Ferne gerückt sein. Emotionen kommen und gehen. Und die Menschen in diesem Unternehmen, die Ihnen wichtig waren, werden Sie ebenfalls vergessen haben. Neue Menschen, neue Erfolge und neue Dramen werden sich eröffnen und Ihnen begegnen, die das Vergangene verblassen lassen.

Was mir in den schwierigsten Tagen und Wochen immer wieder geholfen hat – beruflich wie privat – ist ein Satz, den ich in einer bekannten Sufi-Geschichte gefunden habe: „Auch dieses wird vorübergehen ...!“ Diese wunderbare Sufi-Geschichte, die diesen Titel trägt, möchte ich Ihnen hier erzählen:

> *Ein König befragte einmal die Weisen an seinem Hof und sagte zu ihnen: „Ich lasse mir einen wunderschönen Ring machen. Ich habe die besten Diamanten, die man bekommen kann. Ich möchte in dem Ring eine verborgene Botschaft aufbewahren, die mir in Zeiten völliger Verzweiflung helfen kann. Sie muss sehr kurz sein, damit sie unter dem Diamanten des Rings verborgen werden kann.“*

*All die Weisen, all die großen Gelehrten hätten lange Abhandlungen darüber schreiben können. Aber ihm eine Botschaft zu geben, die nur zwei oder drei Worte enthält und ihm in Zeiten größter Verzweiflung helfen würde …? Sie dachten nach, sie schauten in ihre Bücher, aber sie konnten nichts finden. Der König hatte einen alten Diener, der ihm fast wie ein Vater war. Er war schon der Diener seines Vaters gewesen. Die Mutter des Königs war früh gestorben, und dieser Diener hatte sich um ihn gekümmert. Deshalb wurde er nicht wie ein Diener behandelt, denn der König hatte großen Respekt vor ihm. Der alte Mann sagte: „Ich bin kein Weiser, bin nicht gebildet und nicht gelehrt, aber ich kenne die Botschaft. Es gibt nämlich nur eine Botschaft. Diese Männer können sie dir nicht geben. Nur ein Mystiker, jemand, der sich selbst erkannt hat, kann sie dir geben. Während meines langen Lebens im Palast bin ich allen möglichen Menschen begegnet, darunter einmal einem Mystiker. Er war bei deinem Vater zu Gast, und ich wurde ihm als Diener zugeteilt. Als er abreiste, gab er mir als Geste des Danks für meine Dienste diese Botschaft …“ Und er schrieb sie auf einen kleinen Zettel, faltete ihn zusammen und sagte zum König: „Lies sie nicht jetzt. Halte sie in deinem Ring verborgen und öffne sie erst, wenn alles gescheitert ist, wenn es keinen Ausweg mehr gibt.“*

*Diese Zeit sollte bald kommen. Das Land wurde überfallen, und der König verlor sein Reich. Er musste auf seinem Pferd fliehen, um sein Leben zu retten, und die feindlichen Reiter verfolgten ihn. Er war allein. Sie waren in der Überzahl. Er kam an einen Ort, wo er anhalten musste, weil der Weg zu Ende war – er stand an einer Klippe über einem tiefen Abgrund. Hier hinunterzufallen, wäre das Ende gewesen. Er konnte nicht zurück, weil dort die Feinde waren, und er hörte bereits die Hufe ihrer Pferde. Er konnte nicht vorwärts gehen, und es gab keinen anderen Weg.*

*Plötzlich erinnerte er sich an den Ring. Er öffnete ihn, nahm den Zettel heraus, und darauf stand eine kurze Botschaft von sehr wertvoller Bedeutung. Sie hieß: „Auch dieses wird vorübergehen …“ Während er den Satz las, wurde er ganz ruhig. „Auch dieses wird vorübergehen.“ Und es ging vorüber. Alles geht vorbei. Nichts ist beständig in dieser Welt. Die Feinde, die ihn verfolgt hatten, hatten sich wohl im Wald verlaufen, hatten wohl einen falschen Weg eingeschlagen. Nach einer Weile konnte er das Trommeln der Pferdehufe nicht mehr hören.*

*Der König verspürte große Dankbarkeit gegenüber seinem Diener und jenem unbekannten Mystiker. Diese Worte hatten wie ein Wunder gewirkt. Er faltete den Zettel wieder zusammen, steckte ihn zurück in den Ring. Er sammelte seine Truppen wieder um sich und eroberte sein Reich zurück. Und der Tag, an dem er siegreich wieder in seine Hauptstadt einzog, wurde in der ganzen Stadt großartig gefeiert, mit Musik und Tanz. Er war sehr stolz auf sich selbst.*

*Der alte Mann ging neben seinem Wagen her. Er sagte: „Auch jetzt ist es wieder der richtige Moment. Schau die Botschaft noch einmal an." „Was meinst du damit?" sagte der König. „Jetzt bin ich siegreich. Das Volk feiert mich. Ich bin nicht verzweifelt; ich bin in keiner ausweglosen Situation."*

*„Hör mir zu!", sagte der alte Mann. „Das hat mir der Heilige damals gesagt: Diese Botschaft ist nicht nur für Zeiten der Verzweiflung, sie ist auch für Zeiten der Freude. Sie gilt nicht nur, wenn du Verlierer bist. Sie gilt auch, wenn du Sieger bist; nicht nur, wenn du der Letzte bist, sondern auch wenn du der Erste bist."*

*Der König öffnete seinen Ring und las die Botschaft: „Auch dieses wird vorübergehen ..." Und plötzlich überkam ihn derselbe Frieden, dieselbe Stille und Dankbarkeit – mitten in der Menge, die jubilierte, feierte und tanzte. Sein Stolz war verflogen. Alles geht vorüber.*

*Er bat seinen alten Diener, in seinen Wagen zu kommen und neben ihm zu sitzen. Er fragte ihn: „Gibt es noch etwas? Alles geht vorüber ... Deine Botschaft hat mir ungemein geholfen."*

*Der alte Mann sagte: „Das Dritte, was mir der Weise damals sagte, war: ‚Vergiss nicht, dass alles vorübergeht. Nur du bleibst, du bleibst ewig als Zeuge.'" Alles geht vorbei, aber du bleibst. Du bist die Wirklichkeit; alles andere ist nur ein Traum. Es gibt schöne Träume, und es gibt Albträume. Aber es spielt keine Rolle, ob es ein schöner Traum oder ein Albtraum ist. Was eine Rolle spielt, ist das, was den Traum sieht. Dieses Sehen ist die einzige Wirklichkeit!"*

Das ist der beste Rat, den ich Ihnen geben kann. Ich wünsche Ihnen viel Glück, und falls Sie mir Ihre Geschichte erzählen möchten, schreiben Sie mir.

# 7 Ein Wort an Vorgesetzte, Manager und Arbeitgeber

## 7.1 Human Leadership und Human Responsibility

In diesem Buch geht es nicht darum, darüber zu urteilen, ob Kündigungen gerechtfertigt sind oder nicht. Ich bin lange genug Führungskraft mit Mitarbeiterverantwortung und auch Unternehmerin gewesen, um einschätzen zu können, dass Kündigungen leider notwendig sind, um das Unternehmen als Gesamtes und alle anderen Arbeitsplätze zu erhalten. Es steht niemandem zu, dieses Element der Unternehmensführung als Teil einer zwingend notwendigen Strategie, z. B. in Krisensituationen, pauschal zu verurteilen. Ich stelle grundsätzlich Kündigungen per se nicht in Frage. Wenn es sein muss, muss es sein.

Es gibt neben dem strategischen Element durchaus weitere Gründe, die Kündigungen rechtfertigen. Dazu zähle ich z. B. Arbeitsverweigerung, Mobbingattacken gegen Kollegen und Vorgesetzte, Sabotageaktionen und so weiter. Kündigungen sind ohne Frage dann notwendig, wenn tatsächliches und nachgewiesenes Fehlverhalten vorliegt oder wenn Mitarbeiter und Manager nicht die geforderte Leistung erbringen (wollen).

Manager werden jedoch auch aus Gründen gekündigt, die nicht nachvollziehbar sind. So z. B.,

- wenn es Meinungsverschiedenheiten zur Strategie gibt,
- wenn es darum geht, die Position eines anderen Managers zu sichern (das berühmte Bauernopfer)
- zur Demonstration von Macht,
- aus emotionalen Gründen (die Chemie stimmt nicht),
- aus Profilierungsgründen oder
- weil ein neuer CEO an Bord gekommen ist, der sein eigenes Team gleich mitbringt.

Manager kündigen unter anderem auch deshalb ihren Mitarbeitern, um sich selbst dem Druck des eigenen Vorgesetzten wenigstens für eine gewisse Zeit zu entziehen, nach dem Motto „Schau her, ich habe gehandelt“. Wenn ein Topmanager einem anderen Spitzenmanager kündigt, dann verschafft er sich in der Regel selbst 12 bis maximal 18 Monate Zeit, in der ihm niemand, z. B. aus dem Vorstand, zusätzlich Druck machen wird. Die Rechnung ist ganz einfach: Zunächst braucht man ca. sechs Monate, um einen Nachfolger für den entlassenen Manager zu finden. Hat man ihn gefunden, bekommt man noch mal weitere sechs Monate Karenzzeit, in der sich der neue Manager einarbeitet und noch keine Leistung zu erbringen braucht. Es ziehen weitere sechs Monate ins Land, um dann schließlich die geforderten Ziele zu erreichen. Summa summarum hat der Topmanager so 18 Monate Ruhe seitens seines Chef und hofft darauf, dass in dieser Zeit der neue Manager erfolgreicher ist als der Vorgänger, dem er gekündigt hat. Falls die Rechnung nicht aufgeht, ist er nach 18 Monaten selbst an der Reihe. Das ist ein bekannter Aktionsradius, den ich oft beobachten konnte. Ob diese Vorgehensweise allerdings die Lösung des Problems darstellt, ist in Frage zu stellen. Das finanzielle und das Performance-Risiko des Unternehmens, das heißt in diesen 18 Monaten erfolgreich zu sein, ist jedenfalls enorm hoch. Das Risiko tragen letztlich alle anderen.

Auch solche Sätze wie: „Für Frauen ist in diesem Unternehmen kein Platz“, sind mir erzählt worden und waren der konkrete Hinweis an eine Managerin, sich einen neuen Job zu suchen bzw. gekündigt zu werden, wenn sie nicht freiwillig gehen würde. Willkür und Emotionen spielen immer wieder eine große Rolle. Ein Manager bringt sich auch dann in Kündigungsgefahr, wenn er eigentlich zuhause bleiben müsste und trotzdem ins Büro geht und arbeitet. Nämlich dann, wenn der Arzt ihn wegen totaler Erschöpfung oder gar Symptomen eines Burn-outs krankgeschrieben hat. Der Fehler ist, die Erschöpfungs-/Burn-out-Symptome dem Chef oder dem HR-Management gegenüber publik zu machen. Es dauert oft nicht mehr lange, bis dann eine Kündigung ausgesprochen wird. Auch diese Fälle wurden mir erzählt. Hätte er oder sie doch besser geschwiegen. Der Arbeitsausfall eines Managers aufgrund von Krankheit kostet eben viel Geld.

Die Gründe für eine Kündigung sind mannigfaltig. Meistens sind der Kündigung Entwicklungen und Geschehnisse vorausgegangen, die der Betroffene entweder nicht bemerkt oder ignoriert hat.

Mangelnde Fähigkeiten und Erfahrungen sind jedoch nicht die Gründe, warum Manager gekündigt werden. Das liegt vor allem auch daran, dass jeder Einstellung eines Managers eine sehr aufwändige und kostspielige Suche und Selektion von Kandidaten vorausgeht. Die Einstellung eines Managers wird in der Regel von einem ganzen Managementteam bzw. dem Vorstand auf Basis von Tests und ausführlichen Gesprächen entschieden und durchgeführt. Die Entscheidung fällt immer das gesamte Managementteam bzw. der Vorstand. Niemand trifft bei der Einstellung eines Managers die Entscheidung allein. Deshalb sind fachliche Kündigungsgründe auszuschließen. Vorstände und andere Vorgesetzte müssen deshalb Kündigungen im Vorfeld intensiver kontrollieren und besprechen und vor allem die Motivation von Managern, die kündigen, genauer unter die Lupe nehmen.

Nichts desto trotz und ungeachtet der Gründe: Kündigungen sprechen sich herum und kosten immer sehr viel. Es ist bekannt, dass sie sie sich vor allem sowohl negativ auf das „Employer Branding" im Außen auswirkten, als auch auf das Betriebsklima im Innen und eher früher als später auf Umsatz, Strategie, Profit und Innovationsfähigkeit. Mangelhaft bzw. unprofessionell abgewickelte Kündigungen können die Ursachen für solche Entwicklungen sein. Deshalb sollten Kündigungen immer Chefsache sein, denn deren Wirkungen gehen an keinem CEO oder bzw. Vorstand spurlos vorbei.

Zudem sind Kündigungen mit hohen finanziellen Konsequenzen verbunden. Jemand, der sich zu Unrecht gekündigt fühlt und dazu im Kündigungsprozess noch gedemütigt wird, wird wahrscheinlich Anwälte einschalten und Arbeitsgerichtsprozesse forcieren, um seine Selbstachtung wieder zu erlangen. Das bedeutet für das Unternehmen, entsprechend zu reagieren und ebenfalls Rechtsanwälte einzuschalten. Ganz zu schweigen von den Kosten für die Mitarbeiter, die sich parallel darum kümmern müssen, für Personalberater und Honorare für Interims-Manager. Auch die Stunden und Wochen, die Mitarbeiter und Manager während ihrer Arbeitszeit damit verbringen, den unprofessionellen Rauswurf ausgiebig zu diskutieren, schlagen negativ zu Buche. Das alles kann man anders managen — zum Wohle und Nutzen aller.

## 7.2 Eine Frage des Stils

Von der Unternehmenskultur und dem Kommunikationsstil eines Unternehmens hängt es letztendlich ab, wie mit Mitarbeitern oder Managern grundsätzlich und bei Kündigungen im Besonderen umgegangen wird.

Die Theorie ist das eine, die Praxis jedoch eine andere. Die Meinung darüber, welche Lösung und welches Verfahren die besseren sind, ändert sich mit jeder Person, mit der Sie darüber sprechen. Mitarbeiter in Deutschland und in den UK jedenfalls sind geschützt durch ein strenges Arbeitsrecht, das einen bestimmten Prozess voraussetzt, bevor man einem Arbeitnehmer kündigen darf. Dieses Modell hat seine Vor- und Nachteile, wie wir wissen, doch bietet es einen Mindestschutz für jeden Mitarbeiter. Spätestens, wenn die erste Abmahnung kommt, weiß der Betroffene, was passieren wird, wenn er sein Verhalten nicht ändert.

Für Manager findet dergleichen selten seine Anwendung je höher sie in der Managementstufe aufsteigen. Manager sind inzwischen die modernen Sklaven geworden, die sich vieles gefallen lassen müssen, ohne dass mit ihnen ein offenes „Feedback-Gespräch" — bevor es zu einer Kündigung kommt — geführt wird. Ein Feedback-Gespräch ist dazu da, dem Menschen eine Chance zu geben, die Dinge besser zu machen oder das Verhalten zu ändern. Statt eines solchen Gesprächs jedoch ändert sich das Verhalten des Vorgesetzten auf seltsame Art und Weise. Verbal und nonverbal wird Unmut oder Ungeduld geäußert, auf die man sich als Betroffene(r) zunächst keinen Reim machen kann. Es wäre einfacher für alle Beteiligten, sofort miteinander zu sprechen und die Probleme auf den Tisch zu bringen und zu lösen. Es geht um einen menschlichen Umgang und eine faire Kommunikation miteinander.

Fehlende Wertschätzung, fehlender Respekt und Mitgefühl stehen in solchen Fällen stattdessen an der Tagesordnung — auch in Meetings auf Managementlevel. Kommunikationsdefizite, die sich auch irgendwann darin zeigen, wie jemand gekündigt, gefeuert wird. So macht man Menschen krank. Bekommt das niemand in den Vorstandsetagen mit?

Zu den schwierigsten Aufgaben und zum Know-how eines Managers gehört es, Kündigungen auszusprechen und professionell abzuwickeln. Es ist angesichts der Verantwortung, die ein Vorgesetzter für jeden einzelnen Mitarbeiter hat, für die meisten eine schwere Aufgabe, die es zusätzlich zu der ohnehin schon endlos langen To-do-Liste noch zu erledigen gilt. Verständlich, doch nicht angemessen oder professionell für das Selbstverständnis eines Managers. Die meisten fühlen sich dieser Situation nicht gewachsen, was zur Lösung des Problems nicht wirklich beiträgt. Letztlich jedoch ist es egal, ob man sich als Manager dabei unwohl fühlt. Die Aufgabe und Verantwortung von Führungskräften ist es, Konfliktgespräche durchführen zu können. Ob sie wollen oder nicht. Ihnen sei versichert, dass sämtliche negativ bewerteten Kündigungen von Kollegen, Mitarbeitern und anderen Managern als Führungsschwäche ausgelegt werden. Die Torte hat, bildlich gesprochen, immer der Vorgesetzte im Gesicht, der diese Aufgabe zu verantworten hat. Diese Auffassung vertreten nicht nur Mitarbeiter, sondern auch Spitzen-Manager.

> *„Ich war mehr von meinem Chef enttäuscht, dass er nicht den Mut gehabt hat, mit mir zu sprechen und sich selbst vor die Mitarbeiter zu stellen und zu sagen, was passiert ist. Stattdessen lässt er alles den HR-Chef machen, der weder fachlich noch persönlich ihm oder mir hätte das Wasser reichen können. Der Stil war enttäuschend und die zwischenmenschliche Art. Schließlich haben wir uns 20 Jahre gekannt"*
>
> *Thomas M., Mitglied der Geschäftsleitung*

... ein vernichtendes Urteil über ein Mitglied der Geschäftsleitung, das im Unternehmen die Runde machte.

Es gibt andererseits jedoch auch genügend Beispiele dafür, dass Vorgesetzte sich alle Mühe geben, eine Kündigung empathisch und unter Einbeziehung spezieller Wünsche des Betroffenen durchzuführen.

**BEISPIEL**

Einem Finanzdirektor sollte wegen immer wiederkehrender eklatanter Kalkulationsfehler gekündigt werden. Der CEO hatte das Vertrauen in dessen Zahlen verloren. Ihm wurde im Gespräch die bevorstehende Trennung erklärt. Um ihm die Jobsuche zu erleichtern, wurde ihm angeboten, selbst zu kündigen und dies auch so im Zeugnis darzustellen. Damit erhielt er die Chance, sich einen neuen Job zu suchen, ohne eine Kündigung seitens des Ex-Arbeitgebers erklären zu müssen.

Trotz dieses großzügigen Angebots sann der Finanzdirektor auf Rache. Der Manager, in seinem Ego verletzt, baute regelrecht Stimmung gegen seinen Vorgesetzten auf und versuchte, dessen Ruf zu ruinieren. Letztlich tat er das, um nicht erzählen zu müssen, dass er gekündigt werden sollte. So konnte er seine eigene Kündigung ein paar Monate später rechtfertigen. Er hetzte das gesamte Team auf, was sich erst nach Wochen in einem immer schlechter werdenden Betriebsklima und der Aggression mehrerer Mitarbeiter gegenüber dem Chef bemerkbar machte. Dieser bereute zutiefst sein Entgegenkommen. Das eine ist sicher: Er wird in Zukunft niemandem mehr eine solche Chance geben, sondern die betreffende Person in Zukunft so schnell wie möglich loswerden wollen.
In einem anderen Fall wurde die Probezeit eines Managers um einen Monat verlängert, als wohlwollend gemeinter Warnschuss, und um ihm eine Chance zu geben, doch noch die erwartete Leistung zu erbringen. Das Ergebnis war, dass er sich ab dem nächsten Tag für vier Wochen krankschreiben ließ – dies, obwohl er am Tag zuvor noch kerngesund war. Von da an ward er nie mehr gesehen in dem Unternehmen. So kassierte er zusätzlich drei weitere Monatsgehälter, ohne dafür arbeiten zu müssen, weil man im Krankheitsfall niemanden kündigen darf. Auch dieser Vorgesetzte wird wohl nie wieder einem neuen Mitarbeiter oder Manager mehr Chancen geben als arbeitsrechtlich notwendig.

---

Solche und ähnliche Geschichten, wie sich Mitarbeiter durch ihr Verhalten selbst ins Aus katapultieren, sind die Kehrseite der Medaille, die nicht an die Öffentlichkeit gelangen. Auch über diese Seite gibt es unendlich viele Geschichten zu erzählen.

Trotzdem wehre ich mich dagegen zu akzeptieren, was mir so oft schulterzuckend von anderen erzählt wird:

*„So ist die Geschäfts-und Managementwelt heute eben. Man muss das einfach akzeptieren und seinen Lebenslauf und seine persönliche Kommunikationsstrategie entsprechend aufbereiten“.*

So könnte man denken und handeln, doch verstärkt es schlussendlich die gleichgültige und kriegerische Einstellung: „Jeder ist sich selbst der Nächste!“.

So einfach möchte ich keinen Manager aus seiner Verpflichtung herauslassen, ein gemeinsames Ganzes zu erschaffen und zu halten. Das ist Führungsstärke.

Führungsschwäche dagegen ist meistens der tatsächliche Grund, wenn etwas schief geht. Das wollen sich Manager ungern eingestehen. Führungsschwäche heißt auch, keine Verantwortung zu übernehmen und sich den Problemen zu entziehen, indem man sie ignoriert oder die Lösung delegiert. Durchschnittlich 60 % aller Manager, so sagt Urs Tanno, Geschäftsführer der „Top 50-Interims Management"-Agentur in Zug (Schweiz), können nicht im Interims Management eingesetzt werden, da sie bereits an ihre Managementgrenzen gestoßen sind.

> *„Die heutigen Führungskräfte führen nicht, weil sie es nicht können und nie gelernt haben. Sie verhalten sich nicht, wie sie es eigentlich sollten. Sie sind sicherlich fachlich gut, aber nicht in der Führung. Sie versagen deshalb bei schwierigen Gesprächen, erst recht, wenn es um Kündigungen geht. Und es gibt für sie immer noch keine Konsequenzen zu befürchten."*
>
> *Urs Tanno; Geschäftsführer „Top50"*

Eine gegenseitige Misstrauenskultur ist so herangewachsen. Sie wurde von beiden Seiten aufgebaut. Führungsstärke kann dem entgegentreten und eine neue Arbeitswelt schaffen. Wir wünschen uns doch alle eine andere, neue Form der Zusammenarbeit und Kommunikation miteinander – mit Wertschätzung, Respekt, Anerkennung und Empathie. Kommunikation, die gleichgesetzt wird mit Achtsamkeit, d. h. einem achtsamen Umgang mit sich selbst und dem anderen. Dass dadurch die Freude, die Identifikation mit dem und das Engagement für ein Unternehmen steigen, steht außer Frage. Damit geht es uns allen nicht nur gesundheitlich besser, sondern wir als Ganzes, als Team und als Unternehmen, erreichen einfach mehr. Doch das alles zu bewerkstelligen, ist komplex und schwierig, da die Reaktion von Menschen im Vorfeld – die Variable in diesem Miteinander – nicht einzuschätzen und unberechenbar ist. Trotzdem sind wir uns alle einig darüber, wissen wir selbst ganz genau und für uns persönlich, was Integrität, Wertschätzung und Respekt bedeuten.

## 7.3 Die juristische Perspektive: Interview mit einem Rechtsanwalt

Stefan K. *(Name geändert)* ist Rechtsanwalt und Partner in einer internationalen Anwaltskanzlei in Zürich, deren Schwerpunkt auch im Arbeitsrecht liegt. Die Kanzlei wird überwiegend von Unternehmen mandatiert, unter anderem bei der Kündigung von Angestellten. Das Ziel meines Interviews ist es, den Kündigungsalltag aus der Perspektive eines Rechtsanwalts zu beleuchten. Wir treffen uns im Büro, in dem Stefan K. in Zürich tätig ist.

***„Herr K., Sie erleben in Ihrer täglichen Praxis sicher auch schwierige Vorfälle, in denen Manager wie Mitarbeiter bei Kündigungen nicht immer den korrekten Weg gehen. Welche Erfahrungen haben Sie gemacht?"***

*Stefan K.: „Als Erstes erinnere ich mich an einen Fall, in dem eine HR-Chefin eine Mitarbeiterin der Fälschung von Spesenabrechnungen verdächtigte. Ihre Aussage war: ‚Irgendetwas stimmt nicht mit den Spesenquittungen.' Ich habe versucht, ihr klar zu machen, dass allein die Vermutung von Spesenbetrügereien keine fristlose Entlassung rechtfertigen könne. Vielmehr müsste man einen solchen Betrug schwarz auf weiß nachweisen können. Sinnvollerweise sollte man die Person erst einmal mit den Vorwürfen konfrontieren, sie schriftlich abmahnen und erst im Wiederholungsfall wäre es vertretbar, der Mitarbeiterin fristlos zu kündigen. Wann darf eine fristlose Kündigung ausgesprochen werden? Das Gesetz in der Schweiz sagt, dass eine fristlose Kündigung nur aus wichtigem Grund zulässig ist. Ein wichtiger Grund wäre, wenn dem Kündigenden die Fortsetzung des Arbeitsverhältnisses nach Treu und Glauben nicht mehr zugemutet werden kann. Schwerwiegende Verfehlungen rechtfertigen eine fristlose Entlassung auch ohne vorgängige Abmahnung. Dies können sein: Straftaten am Arbeitsplatz, wiederholte oder generelle Arbeitsverweigerung, Tätigkeit für die Konkurrenz, Verrat von Geschäftsgeheimnissen, Annahme von Schmiergeldern, Tätlichkeiten und Beleidigungen von Vorgesetzen oder Arbeitskollegen. Bei weniger schwerwiegenden Verfehlungen ist eine fristlose Kündigung erst nach vorangegangener Abmahnung zulässig. Dazu können gehören: Verspätetes Erscheinen am Arbeitsplatz, einmaliges Wegbleiben vom Arbeitsplatz ohne guten Grund, übermäßiges Telefonieren oder Internetbenutzung am Arbeitsplatz, Verstoß gegen Weisungen des Arbeitgebers usw. Es kommt immer auf die Umstände des einzelnen Falles an.*

*Schlechte Arbeitsausführung ist mit Ausnahme ganz krasser Fälle höchstens ein Grund für eine ordentliche, nicht jedoch für eine fristlose Kündigung. Niemals Grund für eine fristlose Entlassung ist die unverschuldete Verhinderung des Arbeitnehmers an der Arbeitsleistung. Selbstverständlich müssen die Vorwürfe den Tatsachen entsprechen. Entlässt der Arbeitgeber einen Arbeitnehmer fristlos, weil er ihn verdächtigt, einen Diebstahl im Betrieb begangen zu haben, und bestätigt sich der Verdacht nach durchgeführter Untersuchung nicht, so ist die fristlose Entlassung zu Unrecht erfolgt. Falls der Arbeitgeber nicht sofort reagiert, verwirkt er sein Recht auf eine fristlose Kündigung. Nach der Gerichtspraxis hat er nach einem Vorfall, der Anlass für eine fristlose Entlassung geben könnte, zwei bis drei Arbeitstage Zeit, um sich zu entscheiden, ob er tatsächlich fristlos kündigen will. Größeren Unternehmen räumt die Gerichtspraxis eine etwas längere Frist ein, weil davon ausgegangen wird, dass die zuständigen Organe nicht ständig präsent sind. Eine sorgfältige Abklärung des Vorfalls gereicht dem Arbeitgeber nicht zum Nachteil, sofern er die Abklärungen sofort einleitet (zitiert aus www.seco.admin.ch). In der Folge wurde in diesem Fall dann allerdings unser Rat nicht befolgt. Das nächste, was wir erfuhren, war, dass die betreffende Person fristlos entlassen worden war. Wir waren einigermaßen entsetzt. Die HR-Verantwortliche war jedoch überzeugt, dass sie alles richtig gemacht hatte.*

*Die betroffene Mitarbeiterin schaltete umgehend einen Anwalt ein. Wir baten in der Folge die HR-Chefin, uns sämtliche Unterlagen zu diesem Sachverhalt zu überreichen. Bei der Durchsicht dieser Unterlagen fiel uns auf, dass es tatsächlich Ungereimtheiten gegeben hatte, jedoch nicht bezogen auf Spesenquittungen, sondern zwischen den Terminen von Arztzeugnissen und wann die Person wo gewesen war. Die einzig erfolgsversprechende Argumentation schien uns die Tatsache, dass es offensichtliche Widersprüche zwischen dem Wortlaut der Arztzeugnisse und den Meldungen gegenüber der Versicherung gab. Ansonsten schien der Fall ungünstig zu liegen für die Arbeitgeberin. Die Mitarbeiterin hatte zwar ein paar Kilometer mehr aufgeschrieben, als dies zum Beispiel mit einem Navigationsgerät nachzurechnen war, aber man konnte der Mitarbeiterin nicht schwarz auf weiß einen Betrug nachweisen, welcher eine fristlose Entlassung hätte rechtfertigen können. Deshalb beabsichtigten wir, uns mit dem Gegenanwalt auf einen Kompromiss zu einigen; dieser war auch nicht abgeneigt. Nachdem wir uns auf Ebene der Anwälte geeinigt und den entsprechenden Formulierungsvorschlag zur Bestätigung vorgelegt hatten, machte das Unternehmen plötzlich einen Rückzieher. Die schweizerische Gesellschaft war zunächst einverstanden gewesen, wurde jedoch vom Headquarter in den USA angewiesen, keine Vereinbarung abzuschließen. Mit einer Einigung, in diesem Fall auf eine Zahlung von zwei Monatsgehältern, wäre das Problem vom Tisch gewesen. Selbst unsere Warnungen, dass wir vor dem Arbeitsgericht verlieren würden, nutzten nichts. Stattdessen ist man zum Arbeitsgericht gegangen, investierte viel Geld, und dann musste am Ende des Tages doch für zwei Monate Abfindung (plus eine Entschädigung) gezahlt werden. Hinzu kamen noch die Gerichts- und Anwaltskosten."*

***„Hat sich das Verhalten von Managern geändert in Bezug auf die Abwicklung von Kündigungen?"***

*Stefan K.: „Uns ist in den letzten Jahren besonders bei amerikanischen Konzernen aufgefallen, dass sich niemand traut, Entscheidungen über finanzielle Aufwendungen, also Abfindungen, zu treffen, weil diese Manager dann möglicherweise noch selbst zur Rechenschaft gezogen werden könnte. Da ist es viel einfacher, ein Gericht entscheiden zu lassen. Das braucht dann niemand mehr zu erklären, auch wenn das Ergebnis das Gleiche ist. Doch am Ende des Tages sind die Kosten wesentlich höher. In dem eben beschriebenen Fall waren die Kosten für das Unternehmen, statt wie im Vergleich von uns vorgeschlagen 20.000, nun auf insgesamt fast 60.000 Schweizer Franken angestiegen, die Ressourcen und die Gehälter von den Mitarbeitern, die involviert waren, noch gar nicht mal eingerechnet. Einige Monate später hatten wir einen ähnlichen Fall mit demselben Mandanten, wobei die Verhandlung vor Gericht sehr unglücklich verlief. Auch dieses Verfahren, das wiederum sehr kostspielig für den Arbeitgeber wurde, hätte sich ohne weiteres vermeiden lassen.*

*Generell gilt das Arbeitsrecht der Schweiz eher als arbeitgeberfreundlich im Vergleich zu anderen Ländern, wie zum Beispiel in Deutschland. Dort sind die Arbeitnehmer besser geschützt. Noch extremer ist es in den Beneluxstaaten. Dort haben zum Beispiel auch Geschäftsführer wesentlich bessere Bedingungen als in der Schweiz oder anderswo. Das Arbeitsrecht ist für Manager dort ganz anders bzw. geht von ganz anderen Voraussetzungen aus.*

*Ein Beispiel aus den Niederlanden: Ein Geschäftsführer, der auch als Country Manager für die Niederlande zuständig war, hatte die Berechtigung zur Einzelunterschrift und dabei im Rahmen seiner Tätigkeit eine Geschäftsimmobilie für mehrere Millionen Euro auf fünf Jahre angemietet. Die Konzernleitung wollte den Geschäftsführer deswegen umgehend entlassen. Daraufhin haben wir sie aufklären müssen, dass das nicht so einfach geht in Holland, und geraten, das Problem dringend mit den holländischen Arbeitsrechtsspezialisten zu diskutieren. Es mussten neben den arbeitsrechtlichen Schritten noch weitere Maßnahmen eingeleitet werden, wie das Abhalten einer Gesellschafter-versammlung, in der sich der Geschäftsführer, zusammen mit seinem Anwalt, rechtfertigen konnte. Solche länderspezifischen Besonderheiten in puncto Kündigung werden von Konzernen massiv unterschätzt."*

**„Mit welchen Kündigungsprozeduren werden Sie außerdem konfrontiert?"**

*„Ich kenne einige Fälle von Managern, Bankern, die so Mitte 50 sind, die plötzlich schlechte Bewertungen bekommen. In einem Fall ist die betroffene Person zu ihrem Vorgesetzten gegangen und hat nachgefragt, da die Bewertungen in den Jahren davor immer sehr gut waren. Der Vorgesetzte erklärte ihr, dass er klare Vorgaben von der Bank habe. Demnach gebe es gemäß der Gauß'schen Normalverteilung nur einen bestimmten Anteil von „sehr guten" Mitarbeitern. Die „Sehr gut"-Bewertungen benötige er für die jungen Mitarbeiter im Team, welche noch eine Karriere machen wollten. Daher sei ihre Beurteilung nicht mehr so gut wie früher, auch wenn die Leistung nicht schlechter geworden sei. Sie müsse ja nicht mehr aufsteigen. Deswegen können ältere Mitarbeiter, welche keine mehr Karriere machen (wollten), eine negative Bewertung auch leichter verkraften. Das heißt in der Konsequenz nicht unbedingt, dass sie gefeuert werden, aber dass eben der Bonus runtergesetzt wird. So spart sich das Unternehmen oder die Bank in diesen Fällen auch viel Geld. Ich habe es noch nicht persönlich erlebt, aber solche Storys sind bekannt. Auch dass die Geschäftsleitung strenge Vorgaben macht, um so Kosten einzusparen. Eine andere beliebte Maßnahme ist dem Vernehmen nach auch, dass ganze Teams und auch Einzelpersonen, denen gekündigt wurde, nicht freigestellt werden sondern sie werden in ein separates Sitzungszimmer gesetzt, um die verbleibende Zeit dort abzusitzen. Das Besondere daran: In diesen Sitzungszimmern gibt es keine Computer und keine Telefone, und die betreffenden Personen werden mit Pseudoaufgaben beschäftigt. Der Fantasie sind offenbar keine Grenzen gesetzt."*

**„Haben Sie festgestellt, dass sich Mitarbeiter inzwischen auch anders verhalten?“**

*Stefan K.: „Im Verhalten von Mitarbeitern selbst hat sich in den letzten Jahrzehnten auch eine Menge verändert. Da gab es zum Beispiel in Großbritannien kürzlich den Fall eines jüngeren Mitarbeiters, der wegen Diskriminierung klagte, weil ein älterer Mitarbeiter einen höheren Bonus bekam als er. Der Jüngere klagte auf den gleichen, nämlich höheren Bonus. Das war eine Klage auf Altersdiskriminierung – nur anders herum interpretiert. In UK gibt es ein Gesetz, „The Equality Act 2010“, welches Grundsätze dazu festlegt, das heißt ältere und jüngere Mitarbeiter vor Altersdiskriminierung schützt. Auch Deutschland hat mittlerweile so ein Gesetz. Für uns ist das noch fremd, obwohl ich nicht ausschließen will, dass wir eines Tages auch so etwas haben werden. Ich glaube, es würde den Rahmen dieses Interviews sprengen, das hier noch weiter auszuführen. Für die Schweiz ist so etwas meines Erachtens ohnehin noch undenkbar. Hier wird auch die Loyalität, die langjährige Zugehörigkeit und eben auch die langjährige Performance von Mitarbeitern und Managern entsprechend per Bonus goutiert und bewertet. Der junge Mann hätte heute in der Schweiz keine Chance mit solch einer Klage.*

*Nichtsdestotrotz, das alles nimmt immer mehr skurrile Züge an. In den USA gab es kürzlich einen Fall, bei dem jemand auf Initiative des Unternehmens mit einer größeren Abfindung im Alter von 62 Jahren in den Vorruhestand gegangen werden sollte. Dieser Mann hat dann auf Altersdiskriminierung geklagt und gefordert, weiter beschäftigt zu werden oder zumindest wesentlich mehr Geld als Abfindung zu bekommen. Bei vielen Klagen geht es vor allem auch um Geldmacherei und Abzockerei. Heutzutage müssen eben Arbeitgeber extrem vorsichtig sein, wie sie sich verhalten und welche Argumente sie wie vorbringen. Das ist die Kehrseite der Medaille. Darüber wird fast nie gesprochen oder etwas geschrieben, was auf der anderen Seite passiert – seitens der Mitarbeiter. Es dürfen nicht künstlich Anreize geschaffen werden zu prozessieren, um möglichst viel Geld aus einem Fall rauszuholen.*

*Es gibt genügend Beispiele, die wir in der Kanzlei täglich erleben. In der Schweiz sind allerdings die Gesetze auch etwas anders und in der Schweiz zählt eben auch und vor allen Dingen zuerst der gesunde Menschenverstand. Egal, ob es sich um Mitarbeiter oder Manager handelt. Das ist gut und richtig so.“*

## 7.4 Die medizinische Sicht: Interview mit einem Arzt

Dr. Martin Gschwender ist Facharzt für Allgemeinmedizin, Homeopathie und Sportmediziner in München. Er behandelt vor allem Manager und Führungskräfte. Das Ziel meines Interviews ist es, aus der Sicht eines Arztes die Wirkung von Kündigungen auf den Körper aufzuzeigen. Wir treffen uns in seiner Praxis in München.

***„Herr Dr. Gschwender, Sie haben das Kapitel „Im Auge des Tornados ist es ruhig und still ...“ vorab gelesen. Dort wird beschrieben, was sich in einem Menschen, dem gerade gekündigt wurde, abspielt. Was passiert im Körper?“***

*Dr. Martin Gschwender: „Ja, das Kapitel geht einem unter die Haut. Es ist sehr deutlich beschrieben, was sich im Körper abspielt in so einer Situation. Das ist typisch. Es ist eine Schockreaktion, die stattfindet. In so einer Reaktion blendet der Körper die Details bewusst aus. Er fokussiert sich nur noch auf das Überleben – so wie in der Steinzeit, wenn der Säbelzahntiger vor einem steht. In dem Moment gibt es nichts anderes mehr. Es geht nur noch ums Überleben und man erinnert sich später an nichts anderes mehr. Nicht mal mehr an Details. Ob Sie damals ein blaues, ein grünes oder ein rotes Kleid getragen haben, das blendet der Körper komplett aus. Und in dem Moment hat man nur zwei Möglichkeiten: totstellen oder kämpfen. Da man jetzt dem Chef nicht einen Prügel über den Schädel hauen kann, bleibt nur die andere Variante, um sozusagen „professionell“ damit umzugehen. Doch dieses professionelle Umgehen damit – im Außen – ist das Eine. Etwas anderes ist es, was sich parallel im Inneren abspielt. Stoffwechselchemisch haben Sie das in keinster Weise mehr im Griff.“*

***„Können Sie das bitte näher erklären?“***

*Dr. Martin Gschwender: „Es gibt einen Initialfunken. Das ist der Moment, wenn der Satz ausgesprochen wird, der das alles auslöst. Der Funken löst die Explosion aus. Und dann läuft alles ab wie in einer Kettenreaktion. Ab dem Moment hat man es nicht mehr in der Hand, bis sich die Situation von selber limitiert hat. Sprich: Es kommt der Funke, der Reiz, die Nebennierenrinden schütten Unmengen an Adrenalin aus und gleichzeitig wird Cortisol ausgeschüttet, also das körpereigene Cortison. Adrenalin ist in dem Moment der Überlebensstoff, der das Herz am Arbeiten hält. Gleichzeitig werden die Blutgefäße eng gestellt. Adrenalin ist eines der stärksten Psychostimulanzien, die wir im Körper kennen, so ähnlich wie die Endorphine, die uns einfach das Überleben in einer solchen Situation sichern. Adrenalin ist auch das Medikament, das man zum Beispiel im allergischen Schock gibt, wenn der Körper droht wegzukippen. Adrenalin wirkt relativ kurzfristig, und es wird auch schnell wieder abgebaut. Und wenn dieses nicht gegeben wird, dann übernimmt das parallel mit dem Adrenalinschock ausgeschüttete Cortisol die Regulation vor allem des Immunsystems. Cortisol ist quasi ein Heilhormon. Deswegen gibt man es auch bei vielen Immunproblemen, weil man einfach den Körper bei seiner Heilung unterstützen will. Wenn wir jetzt wieder in der Steinzeit wären und Sie hätten mit dem Säbelzahntiger gekämpft und der hat Sie meinetwegen verletzt, es blutet irgendwo, würde das Adrenalin die Blutgefäße wieder eng stellen, damit es nicht zu stark blutet. Danach würden Sie dann in einen erschöpfenden Heilschlaf fallen, der durch das Cortisol bewirkt wird. Und das ist auch das, was man empfindet, wenn man aus einer Schocksituation herauskommt. Die Tage und Wochen danach ist man einfach unendlich müde und völlig gerädert. Es ist einfach keine Energie mehr da. Das liegt zum einen daran, dass die Adrenalinproduktion erst mal erschöpft ist, und zum anderen daran, dass das Cortisol sowohl diese körperliche Müdigkeit herstellt und gleichzeitig auch im Gehirn eine gewisse Denklähmung verursacht. Der bzw. die Betreffende kann also wirklich nur noch lebensnotwendige Dinge tun in dem Moment, wie Sie es auch beschrieben haben in dem Kapitel. Das Beispiel mit dem Handy, das die Managerin abgeben sollte, zeigt es sehr deutlich. Sie schaut: ‚Wie kriege ich meine privaten Adressen raus? Was mach‘ ich jetzt als nächsten Schritt in der Situation?‘, und so weiter. Da geht‘s also in dem Moment nicht darum, wie regele ich die Abfindung oder den Prozess mit dem Arbeitgeber, sondern es geht nur darum, wie setze ich einen Fuß vor den anderen. Das ist eine ganz natürliche Reaktion. Es ist die gleiche Reaktion, die Sie zeigen, wenn Sie zum Beispiel einen Trauerfall in der Familie haben. Die gleiche Reaktion können Sie auch bei einem Verkehrsunfall haben, selbst wenn es nur ein bisschen gerumst hat. Und das dauert dann eine gewisse Zeit, bis sich das alles, die Stoffwechselschritte, wieder regeneriert haben und bis jemand auf das vorherige Niveau wieder gekommen ist, wo man sagen kann, okay jetzt funktioniert er oder sie wieder halbwegs normal. Die Intensität und das Ausmaß hängen natürlich immer mit dem Ausmaß der Gesamtsituation zusammen. Wenn‘s jetzt was Kurzes ist, dann weiß ich, in einem halben Tag oder einem Tag ist alles vorbei. In der Kündigungssituation ist es natürlich weitreichender, das heißt, es dauert sehr viel länger, da die Situation ja über dieses eigentliche Kündigungsgespräch hinausgeht. Es geht dann um die eigene Existenz und darum, den Alltag wieder zu normalisieren, sich selber zu finden. Und erst danach kann man sich um die Antworten auf folgende Fragen kümmern: ‚Wie gehe ich jetzt mit der Situation um? Wie räume ich das jetzt auf? Wie plane ich mein weiteres Leben?' Das heißt, Sie können nicht einen Tag nach der Kündigung sagen: ‚So, jetzt ist alles vorbei und jetzt geht's weiter.' Das dauert alles sehr viel länger."*

***„Das geht wahrscheinlich allen Menschen so, denen unerwartet und plötzlich gekündigt wurde, oder?"***

*Dr. Martin Gschwender: „Ich bin sicher, dass das bei vielen Menschen ein ähnliches Phänomen ist. Entscheidend ist das Wort ‚unerwartet'. Für den, der schon darauf spekuliert nach dem Motto: ‚Na ja, ich spiele mein Spiel solange, bis mich die hier rausschmeißen', der wird anders damit umgehen. Aber wenn man in dem Moment eigentlich an nichts Böses denkt sozusagen, dann wird das körpereigene Programm so ablaufen wie beschrieben. Zusätzlich muss man natürlich auch sehen, wie die Vorgeschichte zu dem Ganzen ist. Das spielt ja auch eine Rolle. Manager üben schließlich auch keinen Job von 9 bis 17 Uhr aus, bei dem alles geregelt ist, ohne Stress, ohne große Personalverantwortung etc., sondern genau das Gegenteil ist ja der Fall. Sehr viele Manager müssen ausbrennen bei diesem Pensum, das sie zu leisten haben, damit der Laden läuft. Das heißt, sie haben natürlich vorher den Tank schon gut leergefahren. Und jetzt kommt eine plötzliche Kündigung noch on top. Das verschlimmert bzw. verstärkt natürlich die Gesamtsituation noch mal. Und das finden Sie bei den meisten Managern. Welcher Manager-Job ist heute so, dass ich sagen kann, da gehe ich hin und mache mein Ding und dann gehe ich am Nachmittag wieder nach Hause und bin happy? Das ist einfach nicht möglich in diesem Beruf."*

***„Nein, es hängt eben auch zusammen mit dem fast schon unmenschlichen Stress und der Verantwortung, die man als Manager trägt."***

*Dr. Martin Gschwender: „Ja. Das ist auch einer der Grundkräfte, die natürlich da sind, die man heute in unserer Welt – egal wo – einfach nicht mehr außer Acht lassen darf. Und deswegen sehen wir auch heute immer jüngere Menschen, die diesen Situationen gar nicht mehr gewachsen sind, die unter Umständen nach zwei, drei solchen Kündigungssituationen auch gar nicht mehr am Arbeitsmarkt vermittelbar sind, weil sie einfach so traumatisiert worden sind. An vielen Stellen heute in der Unternehmensführung sehe ich, dass wir uns die Dinge schönreden, ohne darüber nachzudenken, was uns das bedeutet oder langfristig bringt. Eine Entmenschlichung unserer Tätigkeit hat sich im Laufe der Jahrzehnte entwickelt. Die Frage ist doch: Für wen arbeiten wir denn eigentlich? Und die Antwort sollte lauten: ‚Doch für den Menschen'. Das propagieren auch alle Unternehmen, wenn Sie schauen: ‚Ja, wir sind für unsere Kunden, für unsere Mitarbeiter und für weiß Gott wen da.' Und wenn man dann das Agieren in diesen Unternehmen anschaut, dann muss man feststellen, dass genau das Gegenteil eigentlich gemacht wird. Alles wird irgendwo neutralisiert, also ent-personifiziert. Menschen werden einfach wie Maschinen hin- und hergeschoben. Jeder, der das aber tut, weiß letztendlich, dass es ihn genauso treffen kann. Und damit lebt er dann ja auch schon wieder in dieser Angst: ‚Oh Gott, wann und wie werden die mich dann abschlachten?'."*

**„Richtig. Es ist ja nicht nur so, dass Menschen im Allgemeinen so behandelt werden, sondern vielfach werden sie von ihren Vorgesetzten deshalb so behandelt, weil diese es nicht besser wissen bzw. weil sie selbst schlechte Vorbilder hatten."**

*Dr. Martin Gschwender: „Eben. Mein Eindruck ist, dass das heute das Problem ist. Es gibt nur noch in wenigen guten Unternehmen Menschen, die in einem guten Stil arbeiten. Solche Manager sind A-Klasse-Leute und die stellen in der Regel nur A-Klasse-Leute ein, also auf deren Niveau. Warum? Damit sie selber einen Ansporn haben, gut zu bleiben, und dass die Firma als solches davon profitiert, wenn einfach gute Leute da sind. Heute herrscht aber die Tendenz, dass viele – vor allem B-Leute – dann C- oder D-Leute einstellen, damit sie selber ihre Position verteidigen können. Und mit denen gehen sie natürlich dann auch ganz anders um. Zum Beispiel, wenn jemand von D oder C versucht, auf B zu kommen, dann ist das natürlich ein großes Problem, weil man sofort Angst um die eigene Stelle hat. Einen Typ A-Manager berührt das nicht. Da herrscht professionelles Management. Doch diese Vorgehensweise wird heute weitestgehend unterlaufen. Dadurch haben wir so viel Hickhack unter den Leuten. B-Manager, die in führenden Positionen sitzen, gehen einfach über Leichen. Das sind Manager, die einfach aussortieren, weil sie selber keine Skrupel mitbringen, weil sie selber wissen, sie können nur oben bleiben, wenn sie nach unten vernichten. Sie müssen ihre Konkurrenten vernichten. Ein guter Topmanager würde schauen, was muss ich tun, um meine Leute dahin zu entwickeln, wo ich sie brauche. Und wir sehen in vielen Unternehmen – ich hab' ja da als Mediziner auch über meine Arbeit den ein oder anderen Einblick – dass ganz viele B- und C-Leute eigentlich in den Firmen am Ruder sind. Und da beginnt es dann. Deshalb wird in vielen Unternehmen so agiert bzw. werden Menschen so schlecht behandelt, wie es offenbar gang und gäbe ist.*

*Ich hatte gerade letzte Woche ein Gespräch mit einer Patientin. Die ist gerade gekündigt worden. Sie hat gar nicht gesehen, dass es in dem Unternehmen einfach gewisse Spielregeln gibt, gewisse Spiele, die gespielt wurden. Und die Zeichen waren alle da. Sie hat das einfach in ihrer Naivität, weil sie so was noch nie erlebt hat, nicht wahrgenommen bzw. übersehen. Sie wurde dann nach allen Regeln der Kunst gemobbt. Man hat sie regelrecht ins Messer laufen lassen durch ihre Kollegen drum herum, die ihr alle vordergründig schöngetan haben, weil sie ihre eigenen Pfründe nicht verlieren wollten. Diese Frau war unabhängig, sie war selbstständig, eine Macherin, jemand, der einfach sagt: ‚Wenn eine Aufgabe da ist, dann pack' ich das an.' Aber es gibt Leute in dem Unternehmen, oben drüber und nebendran, die sagen: ‚Um Gottes Willen, da kommt jetzt eine, die ist unabhängig, die packt jetzt an, die will hier was bewegen.' Und plötzlich merken die bewusst oder unbewusst: ‚Ja, Moment einmal, da kommt meine Position plötzlich ins Rutschen, weil die über mir könnten erkennen, dass da jemand ist, der doppelt so effizient ist wie die Person, die da die ganze Zeit gesessen hat und noch sitzt.' Damit hat ein Manager vom Typ B oder C ein Problem. Und ein A-Typ sagt: ‚Okay, wie ziehen wir für uns beide das Beste raus, damit wir beide gut dastehen.' Das heißt, wir setzen uns zusammen und wir schauen, dass wir das hier für uns alle optimieren. Stattdessen ist man hergegangen und hat sie machen lassen, hat gesammelt, und am Ende hat man sie vor die Tür gesetzt. ... und am besten, ‚wir reden gar nicht mehr'.*

*Ich habe auch einen Patienten, der mehr oder minder freiwillig gerade aus seiner Firma gegangen ist. Der sagt, die Kunden rufen jetzt plötzlich bei ihm an, weil sein Ex-Arbeitgeber es nicht für notwendig gehalten hat, diese zu informieren. Die hängen alle völlig in der Luft. In dem Schreiben, das rausgeschickt wurde, wurde nur erwähnt, dass die Firma umstrukturiert wird und dass sich einige technische Dinge ändern werden. Mit keinem Wort wurde erwähnt, dass er das Unternehmen verlassen hat. Da haben ihn Leute, die gewusst haben, dass er die Firma verlässt, angerufen und gefragt: ‚Machst du jetzt doch weiter?' Er sagte mir, dass eine andere Kommunikation nach außen besprochen war und dieses Schreiben eine völlige Fehlinformation war. Was bedeutet das für das Außenbild dieser Firma? Die Kunden sagen sich doch, was will ich denn mit denen?"*

**„Kommen wir noch mal zurück auf den medizinischen und psychologischen Aspekt einer Kündigung. Welche Krankheiten können aus einer Kündigung heraus entstehen? Und was sollte man tun, wenn einem eine Kündigung unerwartet widerfährt?“**

*Dr. Martin Gschwender: „Wenn man in der Regel bei guter Gesundheit ist, wird man eine Kündigung gut verkraften. Problematisch wird es, wenn die Gesundheit nicht mehr so optimal ist. Das heißt, wenn jemand zum Beispiel Herzkranzgefäßverkalkungen hat oder etwas anderes, also Dinge, die er vielleicht noch gar nicht so bemerkt, wie Durchblutungsstörungen im Gehirn, Atemwegsprobleme, Organfunktionsstörungen, Herzrhythmusstörungen oder Ähnliches. Solche Diagnosen, bei denen man sagt, das ist am Anfang eigentlich eine Kleinigkeit. Davon kriegt der oder die Betroffene auch nichts mit. Doch jetzt kommt die Kündigung und die Schockreaktion, das heißt, das Adrenalin schießt in den Körper in Bruchteilen einer Sekunde. Damit geht plötzlich die Herzfrequenz hoch auf 180/200. Das Problem ist andererseits, dass das Herz nur in der Entspannungsphase durchblutet wird. Das heißt, eine sehr hohe Herzfrequenz sorgt dafür, dass unter Umständen die Phasen, in denen das Herz selbst sich mit Blut versorgt, immer kürzer werden bis zu dem Moment, wenn eine Minderversorgung stattfindet. Das ist ein klassischer Manager-Herzinfarkt zum Beispiel, wie wir es häufiger erleben. Der Blutdruck schießt nach oben, unter Umständen mit der Konsequenz eines Schlaganfalls, wenn sie fragile Gefäße haben. Das Nächste, was passieren kann in dem Schock, ist ein sogenanntes Multi-Organversagen. Es ist auch das, was man bei Schwerverletzten immer wieder fürchtet. Das sind jetzt wirklich extreme Ausnahmefälle – das muss man ganz klar sagen. Die treten jetzt nicht bei jeder Kündigung automatisch auf. Aber wenn es den Falschen trifft, kann das passieren.*

*Für manche Menschen ist eine Kündigung wie ein Entwurzelungssymptom. Die gehen raus und plötzlich ist da das Nichts. Und durch diese Unmengen an Adrenalin und Cortisol kann es zu Schädigungen im Bereich der Gefäße, im Bereich der Organe kommen, weil eben der Blutdruck hochgeht, weil die Gefäße porös werden etc. Und es kann dazu kommen, dass die Nieren nicht mehr richtig funktionieren, dass die Leber einen Schaden nimmt und noch mehr. Je nach Ausprägung kann das so heftig sein, dass diese Situation lebensbedrohlich wird. Das ist alles im Bereich des Möglichen. Gott sei Dank nicht im Bereich des Alltäglichen.“*

***„Im Bereich des Möglichen ... das ist eine entscheidende Aussage für Unternehmen und die verantwortlichen Manager. Von einem Arzt zu hören bzw. zu lesen, was passieren kann, wenn eine Kündigung plötzlich, unerwartet und ohne Wertschätzung und Mitgefühl abgewickelt wird."***

*Dr. Martin Gschwender: „Dann natürlich ist auch das psychische Trauma nicht zu unterschätzen. Das ist vergleichbar mit Bombenangriffen wie früher im Zweiten Weltkrieg bzw. überhaupt mit Kriegsgeschehen – je nach Setting des gesamten Prozesses. Die Seele wird genauso traumatisiert. Und das kann unter Umständen dazu führen, dass Sie natürlich, weil wir immer stofflich emotionale Verknüpfungen herstellen, durch verschiedenste andere Reize – das mögen Bagatellreize sein, sofort diese Vollreaktion des Traumas wieder abrufen. Ein Beispiel: Derjenige, der Sie gefeuert hat, trug einen schwarzen Anzug. Ihnen gehen dann jedes Mal die Pferde durch, wenn Sie jemanden im schwarzen Anzug sehen. Ob jetzt verknüpft mit einer Phobie, mit einer Angst auf diese Geschichte oder etwas anderem, Herzrasen und andere Symptome sind die Folge. Sie kriegen jedes Mal dieses Vollbild, weil Ihr Körper mit diesem Reiz eine Verknüpfung herstellt. Das kann extrem weit gehen. Die Wiederholung an sich löst jedes Mal neu die gleiche Stressreaktion aus.*

*Natürlich gibt's auch Leute, die bei ihrer Kündigung aufstehen, rausgehen und sagen: ‚Ja, egal. Ich habe schon fünf andere Angebote auf dem Tisch liegen. Gott sei Dank bin ich aus dem Laden raus.' Die Leute, die mental darauf vorbereitet sind, die trifft es natürlich nicht so. Auch wenn ein Arbeitgeber vielleicht sagt: ‚Passen Sie auf, da und da liegen Sie einfach nicht richtig. Sie haben jetzt noch mal drei Monate Zeit, Ihre Ziele zu erreichen oder Aufgaben zu erfüllen. Das und das erwarten wir von Ihnen. Dann wissen Sie, wenn Sie es geschafft haben, dass Sie im Job bleiben. Wenn man es nicht geschafft hat, wird man wahrscheinlich sagen: ‚Ja, hat halt nicht hingehauen.' Aber dann haben Sie eine Anpassungsphase in dieser Zeit und Sie wissen, was auf Sie zukommt. So ist eine Vorbereitung möglich. Und, wie Sie es schön beschrieben haben: ‚An einem Freitag wird in der Regel nicht gekündigt, weil das Wochenende bevorsteht: Der übliche Kündigungstag ist der Montag.' In diesem Beispiel hat von Unternehmensseite entweder keine Vorbereitung stattgefunden, oder man hat ganz bewusst geplant, das Wochenende auszunutzen, um jemanden von vielen Kommunikationswegen professionell abzuschirmen oder abzuschneiden. Das heißt, man kann nicht ins Firmengebäude und die Leute, die man vielleicht erreichen müsste, sind im Wochenende, sind im Urlaub, sind gar nicht greifbar auf dem normalen Wege, lesen die E-Mails nicht und, und, und."*

*Wir leben heute in einer Welt, in der man einfach sagt, wir müssen schauen, dass die Quartalszahlen stimmen oder am besten die Monatszahlen. Auch die Globalisierung hat uns natürlich ein Argument an die Hand gegeben, dass man vielerorts hört: ‚Ja, wenn Sie hier nicht mehr arbeiten wollen, in Indien gibt's einen Kollegen, der arbeitet dreimal so viel wie Sie und für die Hälfte des Geldes.' Andererseits sucht das Management händeringend gute Leute. Wir haben ein Menschenproblem. Wenn wir nicht erkennen, dass wir unsere Menschen wertschätzen, hegen und pflegen müssen, damit das Ganze funktioniert, dann haben wir einfach kein ‚Material' mehr. Wir haben keinen ‚Rohstoff' mehr, den Menschen. Wir haben einfach keine Menschen mehr, die die Arbeit machen können, denn alles können wir – Gott sei Dank – noch nicht durch Maschinen ersetzen lassen."*

***„Ist das Ihrer Erfahrung nach eines der größten Mankos in Unternehmen, dass die Wertschätzung, das Mitgefühl und der Respekt im Umgang miteinander verloren gegangen sind?"***

*Dr. Martin Gschwender: „Wer ist schuld an dem Ganzen, an der Anonymisierung? Begonnen hat es mit den Unternehmensberatern, die einfach in Unternehmen hineingegangen sind, eine Stoppuhr in der Hand, und festgestellt haben, wie viel kann dieser oder jener Mensch pro Zeiteinheit von seiner Arbeit verrichten. Und dann hat man erst mal gesagt, okay, das müssen wir effizienter gestalten. Dadurch ist der Mensch selber immer mehr in den Hintergrund getreten. Früher, in den großen Unternehmen, hat die Sekretärin mit dem Hausmeister oder Pförtner eine Zigarette geraucht oder einen Kaffee getrunken. Auf diese Weise ist zwar reine Arbeitszeit verlorengegangen, aber auf diesem informellen Weg sind viele Informationen geflossen, die das Unternehmen am Laufen gehalten haben, die per se auch einen menschlichen, sozialen Faktor beinhaltet haben."*

***„Ja, man hat sich geschätzt, ge-wertschätzt. Da sind Bindungen entstanden, die die Loyalität und die Identifikation mit dem Unternehmen in hohem Maße gefördert haben."***

*Dr. Martin Gschwender: „In vielen Unternehmen wird das ganze Thema und alles, was sich darum herum rankt, meines Erachtens zu sehr professionalisiert. Sie wissen selber, die ganze Seminarkultur, die es gibt, Firmen-Incentives und so weiter. Manager und Mitarbeiter gehen heute auf Incentive-Events oder Reisen, dass die Leute wieder miteinander reden, weil sie so viel Arbeitsdruck haben, dass sie auch mit dem Nebenmann gar nicht mehr reden wollen und schon gar nicht außerhalb der Abteilung. Stattdessen schreibt man sich E-Mails, auch wenn der Kollege direkt nebenan sitzt. Wir haben das Gespräch miteinander wegrationalisiert. Stattdessen wird es sich durch diese vom Unternehmen aufgesetzten und eingeforderten Maßnahmen, wie auch Workshops und Seminare, teuer erkauft, zurückgekauft. Wir haben verloren, dass die Leute sich mit dem Unternehmen, mit dem sie verbunden sind, auch identifizieren. Weil jeder ja auch eingeimpft bekommt, dass man gerade am Anfang einer Karriere maximal zwei, drei Jahre in der Firma bleiben darf, und dann sollte man die Firma wechseln und was Neues machen, damit man sich auch weiterentwickelt. Für mich ist der bessere Mitarbeiter oder Manager der, der langfristig bei mir bleibt, der auch einen Plan hat, der sagt: Was können wir bewegen? Wie muss ich das selbst langfristig deichseln? Wie muss ich meine Leute aufbauen? Der nicht sagt, ich muss ja in den zwei/drei Jahren Vollgas geben und was mir dabei um die Ohren fliegt, ist mir egal, denn nach zwei Jahren bin ich sowieso bei der nächsten Firma. Und dann muss nur im Zeugnis stehen: Wir lassen ihn ungerne gehen, weil er die Firma um so und so viel nach oben gebracht hat. Was er an verbrannter Erde hinterlassen hat, das interessiert keinen, und das steht auch nicht im Zeugnis."*

***„Das Ziel in einem Unternehmen sollte es also sein, Mitarbeiter und Manager vor allem langfristig an sich zu binden?"***

*Dr. Martin Gschwender: „Ja, dann bin ich mit dem Unternehmen anders verbunden. Denn wenn ich sehe, wie Leute verheizt werden, die bei mir sind, dann sehe ich das auch emotional. Dann gehe ich anders damit um, weil es mich seelisch belastet. Klar, wenn Sie einem Mitarbeiter kündigen, der drei Monate dabei ist, fällt Ihnen das leichter, als jemanden zu kündigen, der drei Jahre oder zehn Jahre dabei war."*

***„Nun habe ich aber auch von Beispielen gehört, in denen Manager mit dürren Sätzen wie ‚Wir können jetzt nicht mehr zusammen' oder ‚Wir trennen uns jetzt. Den Rest macht die HR-Abteilung.' gekündigt bzw. freigestellt wurden. Solche Sätze hören Manager, die zehn oder sogar 20 Jahre im Unternehmen waren und einen erheblichen Anteil am Erfolg des Unternehmens hatten. Ich habe in vielen Gesprächen und Interviews mit Managern den Eindruck gewonnen, dass sich die Kultur, die Kommunikation miteinander bzw. untereinander stark verändert hat in den letzten zehn Jahren."***

*Dr. Martin Gschwender: „Ja, das ist genau der Punkt. Wir haben eine sehr starke Individualgesellschaft entwickelt. Und diese Individualgesellschaft entfernt sich natürlich mehr und mehr von den Riten, ungeschriebenen Gesetzen und Regeln einer ‚Stammesgemeinschaft'. Das bedeutet natürlich auch, wenn ein harter Winter kommt oder Dürre oder was auch immer, dann steht man ganz alleine da und muss sich irgendwie durchschlagen. Wir verlieren dadurch auch viele Fertigkeiten, wie man in emotionalen Dingen kommunizieren muss. Nach dem Motto, jeder der mein Feld betritt, ist erst mal ein Eindringling, und den muss ich plattmachen. Das ist anstrengend. Das ist ein Vernichtungskampf, von dem ich aber eigentlich weiß, dass er mir nichts bringt. Doch sind wir irgendwo Herdentiere, soziale Wesen. Die meisten von uns haben gerne eine gewisse Gemeinschaft, in der man einfach sagen kann: ‚Egal was ist, da weiß ich, dahin kann ich mich zurückziehen, dort fühle ich mich angenommen, wertgeschätzt, verstanden und dort leiste ich auch gerne meinen Beitrag.' Aber das wurde in unserer modernen Welt, Globalisierung, Rationalisierung etc., erst mal alles abgeschafft und gesagt: ‚Nein, du musst auf dich selbst achten und dich durchkämpfen.'*

*Früher gab es eine Firmenleitung, und es gab ein paar kleine Abteilungen. Wir haben heute ja für jeden Fachbereich eine eigene Kostenstelle. Und es gibt Human Resources. Wir haben also in jeder Firma eine HR-Abteilung, die sich nur um das ‚Humankapital' kümmert, damit die anderen sich nicht darum kümmern müssen. Was sie auch nicht tun. Und dadurch wird das Miteinander entsprechend delegiert und ent-personifiziert. Die zwischenmenschlichen Problembereiche werden einfach an HR delegiert. Der Chef, der Vorgesetzte braucht sich gar nicht mehr zu kümmern, obwohl es doch vor allem seine bzw. ihre Aufgabe wäre. Die Strukturen sind schon so gebaut, dass keiner mehr persönlich Verantwortung übernehmen muss. Am deutlichsten sieht man es an den Briefen von Unternehmen, die niemand mehr persönlich unterschreibt. Da steht immer ‚im Auftrag'. Oder wenn man bei einer Krankenversicherung anruft, beantwortet jedes Mal jemand anderes die Fragen am Telefon. Das trägt dem Rechnung, dass später oft gesagt wird: ‚Nein, also ich habe das hier nur im Auftrag von Herrn Soundso oder Frau Soundso oder von meinem Chef gemacht.' Es ist eine gezielte Strategie, dass alles ent-personifiziert wird. Wenn ich dann sage: ‚Das, was Sie mir da geschrieben haben, ist größter Mist …', dann stehe ich mit meinem Namen dafür ein, doch mein Gegenüber sagt einfach: ‚Ja, wir sind ein Konzern, was wollen Sie eigentlich …' Niemand ist mehr greifbar oder fühlt sich mehr verantwortlich. Dadurch kann man natürlich auch ganz anders mit Menschen umgehen, weil man ja nicht von*

*Herrn XY gefeuert worden ist, sondern vom Konzern. Was man auch noch spürt, ist, dass plötzlich alle Menschen in dem Unternehmen, die man gut zu kennen glaubte, sich scheinbar in Luft auflösen. Mit anderen Worten, Sie haben für heiße Luft gearbeitet. Und diese heiße Luft sagt: ‚So, jetzt kannst du abdampfen.' Wenn der Mensch sagen würde: ‚Also passen Sie auf, Sie haben mich persönlich geschädigt, Sie haben mich beleidigt', oder etwas Ähnliches, kann man damit eher umgehen, man kann dann sagen: ‚Oh, ich hab' einen Fehler gemacht ...' In solchen Fällen kann man sich auch entschuldigen. Man kann dann damit umgehen, aber wenn der Konzern das sagt ... Ja, wer ist der Konzern? Das macht ja auch klar, wie sehr wir im Nichts, in der Anonymität, durch das Abgeben von Verantwortung gehalten werden. Das macht es natürlich auch leicht, einen Mensch ruckzuck rauszuwerfen. Wenn der oder die nachher vor einen Zug springt, sagt man dann salopp: ‚Ja, der war halt nicht stark genug. Ich persönlich hätte ja für ihn das Beste gewollt, nur der Konzern, der wollte ihn nicht mehr haben.'"*

***„Sie haben zu Beginn erwähnt, dass Sie vermehrt Fälle von Erschöpfung und Burn-out in der Altersgruppe der Anfang, Mitte 30-Jährigen erleben, und zwar vor allem dort, wo Kündigungen im Spiel waren."***

*Dr. Martin Gschwender: „Ja, die Jungen kommen irgendwann in ein Unternehmen und werden irgendwann Manager. Und genau mit dem, was sie dort erleben, und mit dem, was sie daraus für ihren Lebensweg mitgenommen haben, setzen sie das gleiche Verhalten in anderen Unternehmen fort, weil sie glauben, so läuft das eben. Es hat ihnen ja niemand ein anderes Verhalten gezeigt. Es gibt übrigens hochinteressante Literatur dazu, die aufzeigt, wie diese Dinge sogar großen Einfluss in unsere Genetik finden, das heißt, wie unsere Gene dadurch verändert werden, wie solche Geschehnisse einen Menschen prägen. Von Generation zu Generation wird es weitergegeben, und es wird sogar in unserem Gen-Code verarbeitet."*

***„Was würden Sie empfehlen, wie man generell mit sich selbst umgehen soll in Bezug auf den Job und das Unternehmen, in dem man arbeitet?"***

*Dr. Martin Gschwender: „Man muss sich selbst Gedanken darüber machen: ‚Wie richte ich mich grundsätzlich aus, dass ich bei dem Ganzen gesund bleibe?' Da muss ich mir natürlich auch die Frage stellen: ‚Ist die Arbeit hier in diesem Unternehmen auch mein zukünftiger Weg?' Ich weiß ja, egal ob Firma A, B oder C, dass diese alle nach demselben Muster in der Branche arbeiten. Unter Umständen gründet man selbst ein Unternehmen. Es sind genügend Leute da draußen, die auf der Suche nach einer neuen Aufgabe sind. Die sagen: ‚Ich habe das erlebt, ich möcht' endlich mal was anderes.' Und das sind ja nicht irgendwelche Halbdebilen, sondern das sind Spitzenleute, bei denen ich sagen kann, die hole ich mir zusammen in einen Pool, und wir ziehen gemeinsam wieder an einem Strang. Man kann das gemeinsame Know-how einfach nutzen.*

**„Sie empfehlen also eine persönliche Standortanalyse oder Standortbestimmung in regelmäßigen Abständen – für die eigene seelische und auch physische Gesundheit."**

*Dr. Martin Gschwender: „Ja, einfach für sich selbst eine Bestandsaufnahme machen. Zum Beispiel für die Position, die man auskleidet. ‚Hab' ich wirklich das Gefühl, die hab' ich im Griff, und läuft es mit den Mitarbeitern?' Aber auch in Bezug auf die Vorgesetzten, die ich auch fragen sollte:‚Passt die Zusammenarbeit mit mir? Ist das für euch richtig oder muss ich mich in drei Monaten oder so neu orientieren?' Wichtig ist doch, dass man selbst eine gewisse Kommunikationskultur einbringt. Damit wird man nie alle Eventualitäten ausschließen, doch man kann sich selber drauf vorbereiten, so dass ich man weiß: ‚Okay, wenn die schon sagen ... Na, wenn sie so fragen, da gibt's schon einiges, was bei ihnen nicht passt, was ihnen nicht gefällt.' Dann kriegt man selbst aus so einem Gespräch eher heraus, was los ist. Erstens würde ich dann versuchen, es zu verändern, und zweitens weiß man früher Bescheid, wird nicht überrascht und beginnt sich viel früher nach Alternativen umzuschauen."*

**„Mir gefällt die Empfehlung, sich proaktiv Feedback zu holen, statt zu warten, bis HR oder der Vorgesetzte das jährliche Zielvereinbarungsgespräch und die Performance-Evaluierung durchführen oder gar den Stuhl vor die Tür stellen. So hat man die Kontrolle über sein Arbeitsleben und übernimmt Verantwortung für sich selbst. Vielen Dank Herr Dr. Gschwender!"**

## 7.5 Die Wirkung von Kündigungen auf das ‚Employer Branding‘

‚Employer Branding‘ war noch nie so in aller Munde wie heute. Ein positives ‚Employer Branding‘ hat unter anderem zum Ziel, das Image eines Arbeitgebers zu nutzen, um die Effizienz der Personalrekrutierung und die Qualität der Kandidaten dauerhaft zu verbessern. Durch das positive Image eines Unternehmens sollen zudem Mitarbeiter und Manager langfristig an das Unternehmen gebunden werden.

‚Employer Branding‘ ist nicht nur eine neue Marketingidee für Unternehmen, sondern eine ernstzunehmende Aufgabe für Führungskräfte. Als Anspruch, der sich z. B. widerspiegelt in Statistiken wie „Bester Arbeitgeber des Jahres“, steht ein hervorragendes ‚Employer Branding‘ jedem Unternehmen gut zu Gesicht und hat eine starke Wirkung auf Mitarbeiter und Manager gleichermaßen. Man fühlt sich und seine Arbeit in einer solch positiven Unternehmenskultur anerkannt und respektiert.

### 7.5.1 Die Reputation eines Unternehmens

Man kann sich leicht vorstellen, dass respekt- und rücksichtslose Kündigungen der Reputation des Unternehmens enorm schaden, sowohl in der Innen- als auch in der Außenwirkung, denn über derartige Verhaltensweisen wird im Unternehmen und außerhalb gesprochen — trotz unterschriebener Geheimhaltungsklausel in Arbeitsverträgen. Das kann kein Vorstand, keine Geschäftsleitung und kein Vorgesetzter verhindern.

Doch sie können verhindern, dass Kündigungen derart negativ ablaufen. Niemand ist verletzter, in seinem Selbstverständnis mehr getroffen und sinnt mehr nach Vergeltung, als ein erfolgreicher Mitarbeiter oder langjähriger Manager, dem man unachtsam gekündigt hat. Jemand, der sich über alle Maßen engagiert hat, und nicht nachvollziehen kann, weshalb seine bisherige Leistung überhaupt nicht gewürdigt wird.

Die Energie, die in Rache gesteckt wird, ist gefährlich für jedes Unternehmen. Ein loyaler Mitarbeiter, der sich hundertprozentig mit dem Unternehmen identifiziert hat, wird keine Rache üben, solange man ihn auch bei der Kündigung gut behandelt. Jemand, der nichts mehr zu verlieren hat oder sehr wütend ist, schon.

Integrität, Loyalität und Vertrauen als postulierte Unternehmenswerte stehen nicht nur auf dem Papier. Sie sollten die Grundpfeiler von Unternehmen sein, die täglich im Miteinander und in der Kommunikation gelebt werden, auch wenn es um Kündigungen geht. Ob mit Ehrlichkeit und Authentizität hängt von den Vorgesetzten ab. Entscheidend abhängig davon ist die Reputation eines Unternehmens. Warren Buffet hat dies in seinem Buch „Die Macht der Ehrlichkeit" treffend beschrieben.

Die Reputation des Unternehmens, für das Sie arbeiten, und vor allem Ihre persönliche Reputation im Unternehmen werden in dem Maße leiden, wie Sie Ihren Mitarbeitern kündigen bzw. zulassen, wie Ihre Manager deren unterstellten Mitarbeitern und Managern kündigen: die Worte, die Umgebung, der verbale und non-verbale Stil, der Ablauf, die Begründung und die Argumente, die Zeit, die Sie sich für diesen Menschen nehmen, die offizielle Kommunikation. Alles, was Sie und Ihre Personalabteilung oder Ihre Manager gesagt, getan oder unterlassen haben, spielt eine Rolle und wird weiter erzählt hinter vorgehaltener Hand.

Da helfen auch keine Kontaktsperre oder Kommunikationsverbote, die in vielen Unternehmen erteilt werden. Im Gegenteil, der Ruf wird umso schlechter, je mehr die Gerüchteküche brodelt. Und ebensolche machtdemonstrierenden Maßnahmen wie die Einschaltung von Security-Leuten, die den Manager wie einen Schwerverbrecher nach draußen begleiten, schaden Ihnen und dem Unternehmen genauso, wie die falschen Worte, die Sie aussprechen. Es spricht sich alles herum. Nichts und niemand in diesem vertrackten und ungleichen Spiel bleibt unentdeckt.

Auch die Art und Weise, wie die Kündigung offiziell — nach innen wie nach außen — kommuniziert wird, spielt für den Betroffenen und alle anderen Mitarbeiter und Manager eine wichtige Rolle. Auch sie ist Ausdruck davon, welchen Stellenwert Human Resources im Unternehmen haben. Der Stellenwert der einzelnen Mitarbeiter und Manager könnte kaum niedriger sein, wenn Sie lediglich mit einem Satz erwähnen, dass die gekündigte Person das Unternehmen verlassen hat, und dann ohne Begründung oder wertschätzende Worte für die geleistete Arbeit zur Tagesordnung übergehen. Selbst Mitarbeiter, die noch in der Probezeit gehen müssen, haben etwas Besseres verdient.

Schlussendlich schadet das dem Ruf der Person, die kündigt, und beschädigt zudem die Reputation des Unternehmens.

**TIPP**

Solche Kündigungsgeschichten und das Verhalten von Managern in Kündigungssituationen werden übrigens anonym im Internet auf entsprechenden Seiten notiert und veröffentlicht. Eine der bekanntesten Seiten ist www.glassdoor.com. Dort können Sie den Namen jedweden Unternehmens eingeben und sofort nachlesen, was darüber geschrieben wird – meistens von ehemaligen Mitarbeitern und Managern. Die Kommentare sind authentisch und geben einen guten Querschnitt ab. Diese und ähnliche Webseiten nutzen inzwischen viele interessierte Menschen, bevor sie sich um einen neuen Job in einem Unternehmen bewerben. Mit negativen Kommentaren auf diesen Webseiten versehen, sinken die Chancen für jeden Arbeitgeber, gute und qualifizierte Mitarbeiter und Manager zu gewinnen.

### 7.5.2 Was Mitarbeiter und Kollegen denken

Übrigens ist es genau so schädlich für Sie und das Unternehmen, wenn eingeweihte Manager negativ über die gekündigte Person sprechen. Ich habe ziemlich oft von Managern auf meine Frage: „Warum ist XY weg?“, die abfällige Bemerkung gehört: „X bzw. Y hat eben die Leistung nicht gebracht!“ Für mich als Kollegin des gefeuerten Managers waren derartige Kommentare völlig unangebracht und unpassend. Wenn man solche lapidaren Kommentare hört, fragt man sich als Manager oder Mitarbeiter – berechtigterweise, ob hinter dem eigenen Rücken genau so gesprochen wird. Was macht das mit einem Menschen? Man wird misstrauisch und fühlt sich sehr unwohl in Gegenwart von Leuten, die solche Äußerungen von sich geben. Zudem beginnen Loyalität und Identifikation mit dem Unternehmen zu wanken. Die Unsicherheit nimmt zu. Es fehlt dann nicht mehr viel, bis man sich wieder bei Personalberatern ins Gespräch bringt. Zudem solidarisieren wir uns als ehemalige Kollegen instinktiv mit der schwächeren Person, der gekündigt wurde, und damit gegen den Vorgesetzten, der gekündigt hat. Es ist wie mit einem Stein, den man ins Wasser wirft und der kreisförmige Wellen erzeugt, die sich immer weiter ausbreiten.

Deshalb ist die nächste wichtige Frage im Zusammenhang mit ‚Employer Branding':

Welche Wirkung hat die Kündigung auf die Mitarbeiter und Kollegen direkt? Welche Emotionen entwickeln sich? Was wird von diesen intern und extern gesprochen und was wird nicht gesagt? Wie verändert sich in diesem Zusammenhang deren Einstellung und Verhalten gegenüber dem Vorgesetzten, den HR-Managern und dem Unternehmen? Wie sieht es mit der Glaubwürdigkeit der propagierten Unternehmenswerte aus?

Sie als derjenige, der kündigt, haben eine Menge zu verlieren, wenn Sie zum wiederholten Male eine Kündigung falsch abwickeln, d. h. nicht im Sinne der propagierten Unternehmenskultur und ihren Werten. Mitarbeiter und Kollegen werden mit Misstrauen, Vorsicht und mit der Angst, als Nächste(r) gefeuert zu werden, weiterarbeiten. Wenn Misstrauen und unterschwellige Angst das Unternehmensklima bestimmen, wird mehr Energie dafür aufgewendet, sich selbst gegenüber bestimmten Personen zu verteidigen und Schutzmauern aufzubauen. Die Konsequenzen sind allseits bekannt und offensichtlich: man redet dem Vorgesetzten nach dem Mund, will nicht auffallen, d. h., es gibt nur noch angepasste Mitarbeiter und Manager ohne eigene Kreativität und Risikodenken.

Der Boden für Mobbing wird präpariert, um den vermeintlichen Gegner (den Kollegen oder Chef) auszuschalten. Eine Angst-, Neid- und Eifersuchtskultur entsteht. Die nach einer traumatischen Kündigung Verbliebenen arbeiten gegeneinander, einzeln oder als Gruppe. Cliquenwirtschaft entsteht. Es herrscht Revierdenken statt einem Miteinander. Die viel beschworenen Begriffe wie Integrität, Vertrauen und Loyalität auf den Unternehmens-Webseiten verkommen zu einer Farce. Das sollte Ihnen nicht gleichgültig sein.

Können Sie als Manager, Geschäftsführer oder CEO ein solches Unternehmen in den Erfolg führen? Das wird zumindest schwierig werden.

Die konstruktive Frage muss deshalb heißen: Was verstehen wir unter jedem einzelnen postulierten Unternehmenswert im besten Sinne? Wie können wir diese Werte verständlich machen, so dass alle das Gleiche verstehen und es entsprechend umsetzen können? Wie können Unternehmenswerte praktisch, im täglichen Miteinander, gelebt werden? Wie setzen wir sie um, wenn es Krisensituationen gibt? Und wie gehen wir mit Mitarbeitern und Managern um, wenn Kündigungen unumgänglich werden? Was darf passieren und was wollen wir nicht?

Gerade über die „No, no's" zu sprechen und diese zu kontrollieren, ist ein wesentliches Element in der praktischen Umsetzung von Unternehmenswerten und ist der Wegbereiter bei der Etablierung einer gewünschten Unternehmenskultur. Die klare Abgrenzung dessen, was sein darf und was nicht, ist zwingend.

Wer macht den Anfang, dieses schwierige und notwendige Kapitel in unserem täglichen Berufsleben zum Positiven zu verändern, zu verbessern? Natürlich wir alle zusammen. In guten Zeiten ist es einfach, sich eloquent und menschenfreundlich zu verhalten. Das kann dann von den meisten Managern und Mitarbeitern bewerkstelligt werden.

Wie kann ein Vorgesetzter respektvolles Verhalten zeigen bei einer Kündigung — intern wie extern? Die Antwort: durch Know-how, durch emotionale Intelligenz, mit Wertschätzung, Mitgefühl und Respekt. Wie möchten Sie selbst behandelt werden, wenn man Ihnen kündigt? Wahrscheinlich genauso.

## 7.6 Kündigen muss man können

Wenn Sie die authentischen Kündigungsgeschichten in diesem Buch gelesen haben, fragen Sie sich sicher auch, ob ein solch schwieriges Gespräch zu einer Kündigung überhaupt je angemessen durchgeführt werden kann. Kann man es überhaupt richtig machen? Schließlich ist dabei entscheidend, wie der Betroffene alles individuell wahrnimmt und einschätzt und wie dessen augenblickliche Gesamtsituation ist. Je nach Schwere, persönlichem Umfeld und emotionaler Verfassung werden sein Urteil und die Konsequenzen für ihn in den meisten Fällen negativ ausfallen. Nur selten freut sich jemand, dass er endlich gehen kann.

## 7.6.1 Niemand lernt das Kündigen

Kündigen ist eine komplexe Managementaufgabe, die Mut erfordert, denn Sie müssen sich wahrscheinlich mit Konfrontation und Drama auseinandersetzen. Die Problematik, die für beide Seiten entstehen kann, hängt von den Gründen ab, die Sie nennen werden, und der Art und Weise, wie Sie vortragen, kommunizieren und überhaupt der Person begegnen werden.

- Liegen die Gründe in einer gesamtunternehmerischen Maßnahme, wie z. B. einer Reorganisation oder Restrukturierung, ist es für beide Seiten möglich, respektvoll miteinander zu kommunizieren und aus diesem Gespräch emotional neutral gestimmt und mit einer Einigung herauszugehen.
- Das gleiche Ergebnis ist möglich, wenn fachliche Gründe vorliegen oder es um nicht erreichte Leistungen geht, die bereits im Vorfeld und in Feedbackschleifen angesprochen wurden.

Unternehmensberater erzählen mir oft, dass einfach erwartet und ungeprüft vorausgesetzt wird, dass Vorgesetzte und die Personalabteilung diese Aufgabe professionell erledigen können, nach dem Motto: „Die Arbeit muss halt gemacht werden — also machen wir sie." Da heißt es wörtlich zitiert:„Es wird nicht lange gefackelt oder diskutiert. Führung muss man einfach können und solch unangenehmen Gespräche wie zu einer Kündigung gilt es, einfach und irgendwie abzuwickeln". Auf Training wird hierbei keinen Wert gelegt.

Aus Gesprächen mit Managern großer Unternehmen und meiner Tätigkeit für und in Konzernen weiß ich, dass dort zwar eine Abstimmung der Ziele sowie die Leistungsbeurteilung regelmäßig mit Angeboten an Trainings zur Schließung von Leistungslücken vorgenommen wurden. Es wurde jedoch niemals geprüft, ob die Vorgesetzten oder wenigstens die Personalabteilungen einen formalen Kündigungsprozess trainiert hatten und befolgten. Sie mussten es einfach können, ob sie wollten oder nicht.

Ob mit oder ohne formalen Kündigungsprozess — Mitarbeiter bzw. Manager denken, dass die Kündigung, wenn sie nicht mit fachbezogenen Argumenten begründet wird, wegen Persönlichkeitsschwächen erfolgte. Als Mensch und Manager versagt! Dieses vernichtende Urteil über sich selbst fällen fast alle Betroffenen. Es ist nur eine Frage der Zeit, bis sie beim Grübeln über die

Kündigungsgründe diese Schlussfolgerung ziehen. Auch wenn ihnen ihr Verstand zeigt, dass es um ganz andere Gründe geht. Der Kopf kann das zwar nachvollziehen, aber der Bauch kann das nicht glauben. Einem Menschen, dem gekündigt wird, wird automatisch das ehemals hohe Selbstvertrauen genommen. Egal, welche versteckten Gründe vorliegen, die Unkenntnis über die wahren Kündigungsgründe hat nachhaltig einen negativen Effekt auf die Selbstwahrnehmung und das Selbstwertgefühl. Letzteres wird untergraben und schwindet dahin. Aus der inneren Stärke wird zumindest für eine Übergangszeit innere Schwäche — solange Sie nicht etwas dagegen unternehmen. Jemand, der eine Kündigung nicht verarbeitet bzw. verkraftet hat, wird sich schwertun, zudem einen neuen Job zu finden oder eine komplett neue Karriere zu starten. Ihm oder ihr fehlt das nötige Selbstvertrauen dazu. Das hat kein loyaler Mitarbeiter oder Manager verdient, der jahrelang einen guten Job gemacht und sich sprichwörtlich ins Zeug gelegt hat.

Jeder ist nach einem Kündigungserlebnis gebrandmarkt. Wieder in einem neuen Job angekommen, verhält er oder sie sich anders, als er sich früher verhielt: vorsichtig, mit größtmöglicher Anpassung, weniger engagiert, weniger kreativ, auf Nummer sicher gehend. Die Folgen scheinen bei vielen die gleichen zu sein: Nach einer relativ kurzen Zeitspanne von ca. einem Jahr waren sie wieder draußen aus dem neuen Job, auch wenn sie vorher 20 Jahre in einem Unternehmen tätig gewesen waren. Der innere Antreiber für immer schneller werdende Wechsel von Jobs und Unternehmen ist nicht der zu hohe Anspruch, sondern die Angst, dass man eine derartig traumatische Erfahrung wieder machen könnte. Ein Jobwechsel nach einer ungewollten Kündigung lässt sich eben nicht mit einem Fingerschnipp abhaken.

> *„Ich hatte das Gefühl, dass es den Leuten einfach peinlich war, mit mir zu sprechen oder eben in Kontakt zu treten. Es war ihnen irgendwie unangenehm. Trotzdem hat es mich schon überrascht, wie schnell Menschen einen fallenlassen können. Das hat bei mir auch ein Gefühl der Isolation vor allen Dingen ausgelöst. Ich wurde deswegen und darüber auch sehr depressiv bzw. bin da irgendwie hinein geglitten, wie auf leisen Sohlen".*
>
> *(Peter K., Senior Manager)*

Das Verhalten im Job verändert sich in der Folge. Man geht auf Nummer sicher, keine Risiken werden in der Kommunikation eingegangen, man vertraut weniger, bleibt auf Distanz zu den Kollegen, Mitarbeitern und Vorgesetzten.

Haben Sie Mitgefühl und Respekt. Stellen Sie sich einfach vor, es wäre Ihr Partner, Ihr Sohn, Ihre Tochter oder ein anderes Familienmitglied, das so behandelt wird.

Eine Kündigung „richtig", d. h. mit Schadensbegrenzung auszusprechen, heißt angemessen und respektvoll zu kommunizieren sowie sich der persönlichen Problematik der Person genau bewusst zu sein, um mögliche Reaktionen antizipieren zu können. Eine Kündigung zu vermeiden, ist immer noch die bessere Alternative. Die Frage „ob oder ob nicht" müssen Sie sich dann allerdings früher stellen. Regelmäßige Feedbackgespräche sind hier als Technik hinlänglich bekannt, in einigen europäischen Ländern sind Abmahnungen vorab Pflicht. Sie alle sind respektvolle und gesundheitsförderliche Instrumente, um Mitarbeitern und Managern eine zweite Chance zu geben, es besser zu machen. Spätestens bei der zweiten Abmahnung weiß jeder Mitarbeiter oder Manager, was die Stunde geschlagen hat.

Ein Kündigungsgespräch ist immer ein Drahtseilakt, weil so viel mehr auf dem Spiel steht als der Job allein: die Existenz des Betroffenen und auch die der Menschen, die mit ihm verbunden sind, seine Familie. Kommen hohe Schulden hinzu, ist die Katastrophe vorprogrammiert. Eine unbedachte, gedankenlose Äußerung kann viel auslösen.

Es geht Sie übrigens auch dann noch etwas an, wenn der Mitarbeiter bzw. Manager bereits das Büro verlassen hat und ca. sechs weitere Monate danach, denn Sie und nicht der betroffene Mitarbeiter oder Manager sind der Auslöser der Katastrophe bzw. werden als solcher angesehen. Wenn Sie diese Verantwortung annehmen, werden Sie automatisch auch den Kommunikationsstil im Kündigungsprozess ändern wollen.

## 7.6.2 Die Phasen eines Kündigungsprozesses

Um den Prozess etwas verständlicher zu machen, eignet sich der Vergleich mit generellen Veränderungsprozessen und deren Phasen.

Die Analogie zum Modell des Vier-Zimmer-Hauses bei einem Change-Prozess bietet sich gut an, die Phasen, die ein Mensch auch im Falle einer Kündigung durchläuft, nachzuvollziehen. Vier Zimmer, die jeweils eine separate Funktion, Aktion und einen emotionalen Zustand in einem Veränderungsprozess repräsentieren:

1. Zufriedenheit
2. Verleugnung
3. Verwirrung und
4. Erneuerung

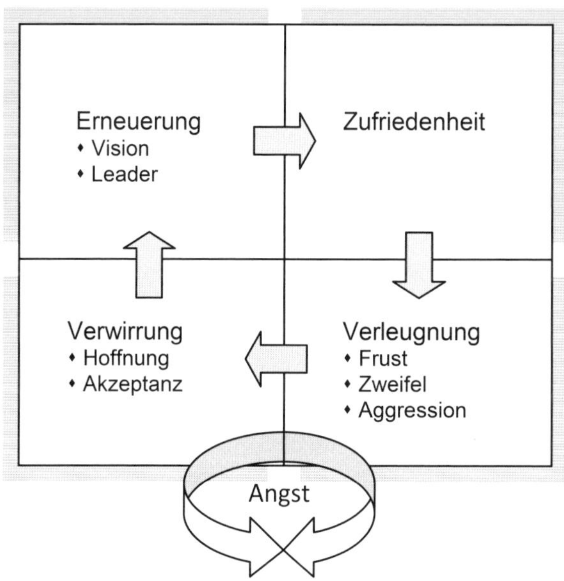


Abb. 1: Phasen eines Veränderungsprozesses

Wir nehmen einen Manager im Change-Prozess als Beispielsfall, um die Phasen verständlich zu machen.

Wir starten im ersten Zimmer „Zufriedenheit". Dort befindet sich der Manager, solange alles gut läuft. Dort herrschen positive Entspanntheit, Zufriedenheit mit dem Status Quo. Wie jedes Jahr werden seitens der Unternehmensleitung neue Ziele, mehr Wachstum, mehr Gewinn, vorgegeben. Was passiert daraufhin im Inneren sehr vieler Manager? Sie gehen inoffiziell und doch umgehend in den Widerstand. Die Vorgaben werden als zu hoch oder nicht erreichbar eingeschätzt. Der Manager geht geradewegs in das Zimmer der „Verleugnung". Dort wird die Unmöglichkeit der Zielerreichung mit den Kollegen besprochen, diskutiert und entsprechend kommentiert. Doch es hilft nichts. Nach einer gewissen Zeit setzt sich der Manager mit der Thematik auseinander und wandert hinein in das nächste Zimmer, die „Verwirrung". Kreatives Chaos bestimmt diese Phase, um Lösungen zu finden und Veränderungen zu bewerkstelligen. Schließlich werden die neuen Lösungen entwickelt und genehmigt. Der Manager wird damit in das nächste Zimmer „Erneuerung" gehen können. Damit ist der spezifische Veränderungsprozess abgeschlossen.

Solche bzw. ähnliche Phasen durchläuft auch ein Mitarbeiter oder Manager, dem gekündigt wird.

- **Phase 1 „Zufriedenheit":** Alles ist in Ordnung und unser Mitarbeiter bzw. Manager macht seine Arbeit mehr oder weniger erfolgreich.
- **Phase 2 „Verleugnung":** Durch die unfreiwillige Kündigung wird er in die Phase 2 katapultiert. In dieser Phase herrscht der Schock, es folgen der Zusammenbruch, die Gegenwehr, die Rechtfertigungen. Er versteht das alles nicht und will es nicht wahrhaben. Die mentalen, emotionalen und körperlichen Reaktionen sind heftig, die Ängste existenziell.
- **Phase 3 „Verwirrung":** Der Gekündigte kennt die Gründe nicht und ist verwirrt. Je länger man nach einer ungewollten Kündigung auf der Suche nach einer neuen Aufgabe bzw. einem neuen Job ist, umso negativer sind die Auswirkungen auf das Selbstwertgefühl. Die Emotionen aus Phase 2 verstärken sich und können unter Umständen noch komplizierter und tiefgreifender werden. Es können sich z. B. posttraumatische Belastungsstörungen, Depressionen und andere psychische Krankheiten entwickeln. Verwirrende Fragen tauchen wie aus dem Maschinengewehr geschossen

auf, die der Betroffene nicht mehr beantworten kann. Das verstärkt den Zustand der destruktiven Selbsteinschätzung exponentiell, weil es keine Lösungen in der Kürze der Zeit gibt, in der die Fragen auftauchen. Je größer die Angst, desto größer die Verzweiflung und Hilflosigkeit. Auch wenn Sie Ihre Mitarbeiter und Manager glauben gut zu kennen, wissen Sie nicht wirklich, wie sie auf die Kündigung reagieren. Vor allem, ob und wann dieser Mensch alle Register ziehen wird oder das Undenkbare tut und bildlich gesprochen den Stecker zieht. Die Phase 3 „Verwirrung" dauert am längsten, doch sie bietet auch die Chance, über Neues nachzudenken. Der Gekündigte nimmt in dieser Phase innerlich Abschied von dem Unternehmen, den Kollegen und Mitarbeitern. Dieser Abschied ist für einen Neuanfang unumgänglich. Er befindet sich jetzt auf dem Weg in die vierte Phase, die „Erneuerung".

- **Phase 4 „Erneuerung":** Voller Zuversicht entwickelt der Gekündigte hier neue Ziele und eine neue Strategie, beschäftigt sich mit alternativen Konzepten, neuen Aufgaben und neuen, interessanten Unternehmen, kontaktiert die entsprechenden Personen und Ämter etc. Die Hoffnung und Vorfreude auf eine neue, vielversprechende Zukunft steigt. Wenn er schließlich eine Lösung gefunden hat, wird er sich wieder in die **Phase der „Zufriedenheit"** begeben können. Dann erst ist er erlöst, und der Kreislauf kann von Neuem beginnen.

Berücksichtigen Sie diesen Veränderungsprozess bei einer Kündigung. Versetzen Sie sich bereits im Vorfeld in die Lage der betroffenen Person und antizipieren Sie die Reaktionen in jeder der beschriebenen vier Phasen. Ihre Kommunikation wird sich automatisch verändern. Kommunizieren Sie so, wie Sie in einem solchen Gespräch behandelt werden möchten: rücksichtsvoll, respektvoll, mit Wertschätzung. Nehmen Sie Ihr Gegenüber ernst, bagatellisieren Sie nichts mit Sprüchen wie: „Wo eine Tür zugeht, geht woanders wieder eine auf". Eine Kündigung ist für niemanden ein Kleinigkeit und mit einem lockeren Spruch wegzustecken.

Vollkommenes Verständnis für die Kündigungsgründe dürfen Sie nicht erwarten. Schuld und Sühne dominieren die Gedanken und Gefühle eines Gekündigten und lösen verschiedene emotionale Reaktionen aus.

Kündigungen können nicht nur krank machen. Auch die Suizidgefahr steigt bei Menschen, die nach einer Entlassung keinen anderen Ausweg mehr sehen, weil ihre privaten Umstände ohnehin bereits problematisch waren und sich mit der Kündigung noch verstärkt haben.

Derartiger Konsequenzen muss man sich bewusst sein, wenn man eine Kündigung ausspricht. Deshalb spielt bei einer Kündigung die richtige Kommunikation in allen Prozessphasen die wichtigste Rolle.

Als einzig richtiger Weg für angemessene Kommunikation schrieb Konfuzius (551 – 479 v. Chr.) vor 2.500 Jahren:

> *„Begegne den Menschen mit der gleichen Höflichkeit, mit der du einen teuren Gast empfängst. Behandle sie mit der gleichen Achtung, mit der das große Opfer dargebracht wird. Was du selbst nicht wünschst, das tue auch anderen nicht an. Dann wird es keinen Zorn gegen dich geben – weder im Staat noch in deiner Familie.“*

Eine Mahnung an dieser Stelle an jeden Manager, sich in einem Konflikt- bzw. Kündigungsgespräch wirklich Mühe zu geben. Ein „richtig“ wird es nicht immer geben, da wir alle auch nur Menschen sind und Fehler machen. Doch mit einer veränderten Perspektive und Bewusst-Sein lässt sich auf jeden Fall Schadensbegrenzung betreiben. Die richtige Kommunikation ist das wichtigste Element der Führung und signalisiert Führungsstärke, wenn von Managern gefordert wird, Verantwortung zu übernehmen.

## 7.7 Kündigen – ein Pflichtfach für Führungskräfte

Wir Menschen erinnern uns später nicht mehr an das, was jemand zu uns in einem schwierigen Gespräch genau gesagt hat, sondern daran, wie wir uns in dieser Situation und danach gefühlt haben – gut oder schlecht. Dieses Gefühl ist der Auslöser für sämtliche Aktionen, die danach folgen, und für sämtliche Reaktionen innerhalb und außerhalb des Körpers des Betroffenen.

Eine Kündigung auszusprechen ist das schwierigste Gespräch, das Sie als Führungskraft und Vorgesetzter führen müssen. Es ist die Königsdisziplin für einen Manager, denn bei dem Menschen gegenüber steht so viel mehr als der Job auf dem Spiel stehen. Dafür übernimmt jeder der kündigen muss ebenso die Verantwortung. Mein Eindruck ist, dass nicht nur ausreichend Wissen fehlt über die Führung von Kündigungsgesprächen oder der Umgang miteinander in Konfliktsituationen.

Meine Vermutung ist, dass Manager und Vorgesetzte sich vor solchen Gesprächen über alle Maßen fürchten. Viele wollen oder können sich dieser Aufgabe nicht stellen und delegieren sie deshalb gerne an die Personalabteilung oder an externe „Vollstrecker"', wie so treffend dargestellt in dem Film „Up in the Air" mit George Clooney. Aus gutem Grund: Den Managern und Führungskräften fehlen die Kenntnisse, wie sie das Gespräch so gestalten können, dass aus ihm trotz aller Problematik eine Win-Win-Situation erwachsen kann. Der Personenkreis, an den solche heiklen Angelegenheiten oftmals delegiert werden (die HR-Abteilung), hat meistens noch weniger persönliches Wissen über den Menschen, den es betrifft, und fühlt sich dabei genauso unwohl. Der Grund für die Unkenntnis ist so einfach wie auch dramatisch: Kündigungsgespräche sind kein Bestandteil der Ausbildung. Mir ist keine Business School bekannt, die entsprechende Workshops und Seminare anbietet. Haben Sie sich im Vorfeld einmal damit auseinandergesetzt, ob Ihre Führungskräfte in der Lage sind, eine Kündigung maßgeschneidert vorzubereiten und intern wie extern professionell zu kommunizieren? Welche Maßstäbe legen Sie selbst dabei an? Ist eine Kündigung für jemanden, der sie aussprechen muss, eine einfache Angelegenheit? Nein, für niemanden mit Herz und Menschlichkeit. Bilden Sie Ihre Manager für solche Gespräche aus durch Ihr eigenes vorbildliches Handeln oder durch professionelle Trainings!

Es ist extrem unangenehm, jemandem eine schlechte Nachricht zu überbringen, vor allem, wenn man keine Vorstellung von möglichen unkalkulierbaren Reaktionen des Gegenübers hat. Zudem wissen viele nicht wie man sich dabei verhalten und wie man dann damit umgehen soll. Ein Vorgesetzter mit Mitarbeiter- und Managerverantwortung muss jedoch dieser Verantwortung gerecht werden. Wie in allen Beziehungen, gibt es auch zwischen Mitarbeitern, Managern und Vorgesetzten immer mal wieder schwierige Zeiten und Konflikte. Das ist normal und sagt nichts über die Qualität der Beziehung aus oder die betreffenden Personen. Die Themen, Fragen, Probleme und schwelenden Konflikte anzusprechen und Lösungen für die Probleme zu finden, zeugt von Qualität, Vertrauen, Integrität. Das ist Führungsstärke. Die wichtigste Managementaufgabe, einen fairen Kündigungsprozess zu implementieren und ein wertschätzendes Kündigungsgespräch durchzuführen, gehört in die „Change Management"-Fähigkeiten bzw. Bereich von Unternehmen. Um die Risiken zu minimieren für alle Beteiligten, sollte man die dafür notwendigen Qualifikationen als „Key Performance Indicator" in das Leistungsspektrum von Managern mit aufnehmen. Managern, denen Mitarbeiterverantwortung übertragen werden soll, ist ein entsprechendes Coaching anzuraten. Teure Arbeitsgerichtsprozesse oder der kostspielige juristische Schlagabtausch unter Rechtsanwälten als Folgen einer Kündigung können so sicherlich vermieden bzw. reduziert werden. Bedenken Sie die Nutzen, die Sie daraus ziehen können, wenn in Ihrer Organisation mehr Menschlichkeit Einzug hält.

Die meisten Mitarbeiter und Manager haben heutzutage eine Rechtsschutzversicherung, die das Prozessieren günstig macht. Jemand, der stark emotional und in seinem Ansehen verletzt wird und der sich in seiner Funktion und als Mensch nicht wertgeschätzt fühlt, wird die Muskeln spielen lassen und sich so Genugtuung verschaffen. Der Anspruch auf Wiederherstellung der eigenen Reputation ist gegenüber sich selbst wie auch gegenüber den Kollegen, Mitarbeitern, Familien und Freunden sehr wichtig.

Bei den Streitigkeiten und Verhandlungen geht es primär um finanzielle Aspekte, aber letztlich steht dahinter eine Auseinandersetzung um die Reputation des Gekündigten. So ist vor allem auch die Dokumentation der vormals guten Leistungen in Zeugnissen wichtig und vor allem wie und was nach außen kommunizieren wird.

Keine arbeitgeberseitige Kündigung, von der ich bisher gehört habe, ist juristisch einwandfrei, perfekt formuliert, kommuniziert oder sauber abgewickelt worden. Keine einzige. Fast alle Entlassungen, von denen ich weiß, wären rechtlich anfechtbar gewesen. Es existiert meines Wissens kein Kündigungsfall, in dem keine formalen Fehler gemacht wurden. Das produziert Kosten, die nicht sein müssen. Es sind nicht die großen, sondern die kleinen Fehler, die eine Kündigung meist noch kostspieliger werden lassen, als es meistens geplant war.

- **Kostenfaktor 1:** Das Risiko von juristischen Auseinandersetzungen ist bei Kündigungen immer groß. Sie verursachen hohe, im Voraus kaum einschätzbare Kosten für Rechtsanwälte und Prozesskosten. Es gibt Rechtsanwälte, die Ihnen zu einem Prozess raten werden, jedoch nicht alle Arbeitsrechtler denken oder beraten so. Viele verstehen sich auch als Mediatoren, was nur zu begrüßen ist — für Arbeitgeber wie für Arbeitnehmer. Mit einer gütlichen Einigung ist in der Regel früher wieder Ruhe an beiden Fronten und man kann sich bald wieder auf das Wesentliche konzentrieren.
- **Kostenfaktor 2:** Bei Kündigungen, die nicht glatt verlaufen, sind immer viele Personen involviert. Zusätzlich zu den Anwaltskosten müssen Sie daher auch die Lohnkosten und den immensen Zeitaufwand aller involvierten Mitarbeiter einkalkulieren, welche sich mit der Kündigung beschäftigen müssen. Deren Energie sollte auf ihre eigentlichen Aufgaben konzentriert werden.
- **Kostenfaktor 3:** Bis Sie einen Nachfolger für den gekündigten Mitarbeiter oder Manager gefunden haben, bezahlen Sie das Gehalt für ihn, ohne dass die Arbeit gemacht wird, bzw. Sie zahlen doppelte Gehälter. Je höher die Position der Führungskraft ist, desto länger dauert die Suche nach einem Nachfolger. Wenn Sie Pech haben, suchen Sie 12 Monate. In dieser Zeit müssen Sie sich mit Übergangslösungen, d. h. intern oder extern über Interims Management, über Wasser halten. Teilbereiche des Unternehmens können ebenso für eine gewisse Zeit still stehen oder werden nicht so geführt, wie Sie es sich wünschen, mit den entsprechenden Unternehmensergebnissen und Zahlen, die zudem Ihre „bottom line" stark beeinträchtigen werden. Bei der Kündigung eines Geschäftsführers operiert das gesamte Unternehmen im Durchschnitt sechs Monate lang nur noch auf Sparflamme. Solange Mitarbeiter nicht wissen, wer der neue Chef oder die Chefin ist und welche Unternehmensziele künftig im Fokus sind, machen sie Dienst nach Vorschrift und warten ab. Bis dann der Nachfolger eingearbeitet ist und durchstartet, vergehen mindestens weitere sechs Monate. Die Folgen am Markt und bei den Kunden sind vorhersehbar.
- **Kostenfaktor 4:** Ein auf lange Sicht strategischer und auch finanziell negativer Faktor sind die Konsequenzen, die Gekündigte ziehen, wenn sie ihre Kündigung als ungerecht und unfair erlebt haben. Nicht wenige beginnen eine neue verantwortungsvolle Position absichtlich in einem Konkurrenzunternehmen oder als Unternehmensberatung für den Wett-

bewerber. Damit wandert auch das Know-how zu Ihrem direkten Gegner. Das ist vor allem dann ärgerlich und kostspielig, wenn es sich um eine hochqualifizierte Führungskraft handelt, die die Strategien und Konzepte der kommenden Jahre kennt bzw. sogar selbst mitentwickelt hat.

Wenn Sie trotz aller Risiken einen Mitarbeiter oder Manager kündigen wollen oder müssen, ist es notwendig, dass Sie sich vorher Know-how verschaffen und sich über die Tragweite der Entscheidung für die Person bewusst sind. Das beginnt mit der Recherche über diesen Menschen, dem Verschaffen von Kenntnissen über einen sachlich begründeten Kündigungsprozess und über mögliche juristische Implikationen und endet mit der ebenso respektvollen wie wertschätzenden Kommunikation. Jeder Mitarbeiter und Manager erwartet, dass Sie sich mit der Problematik auseinandersetzen und Sie sich Wissen aneignen, wie man professionell damit umgeht. Denn was bedeutet schon das eigene Unwohlsein in diesem Gespräch im Vergleich zu dem Zustand des Menschen, dem Sie kündigen werden. Zudem: nicht nur der Job ist plötzlich weg, sondern auch die Menschen, mit denen er oder sie jeden Tag acht Stunden oder mehr verbracht hat.

Eine vorsichtige Herangehensweise ist für alle gewinnbringend.

## 7.8 Human Leadership ist die Basis

Kann man je „richtig“ kündigen? Man muss es wenigstens versuchen. Eine eindeutige und einfache Antwort auf die Frage gibt es natürlich nicht, da Menschen per se individuell reagieren. Es gibt jedoch Grundlagen für Kündigungen, die immer beachtet werden sollten. Wenn Sie einen Mitarbeiter bzw. Manager kündigen, ist es wichtig, dies mit der gleichen Wichtigkeit und Wertigkeit anzugehen, die Sie an den Tag gelegt haben, als Sie die Stelle ausschrieben, Interviews führten, den Mitarbeiter einstellten, einarbeiteten und begleiteten. Das brauchte damals Zeit und kostete entsprechend Geld.

Sie haben im Laufe der Jahre Schritt für Schritt eine Beziehung zu diesem Menschen aufgebaut. Die Beendigung dieser Beziehung, die Kündigung, sollte mit der gleichen Sorgfalt, einem entsprechend geplanten Prozess und in einem respektvollen, wertschätzenden und, wenn notwendig, auch mitfühlenden Kommunikationsstil erfolgen. Kurzum: Es gilt, Menschlichkeit an den Tag zu legen im Umgang miteinander, die, wie der Name schon sagt, uns Menschen von Tieren unterscheidet.

Führungskräfte, Manager mit Mitarbeiterverantwortung sowie HR- bzw. Personalmanager sollten lernen, ihre Menschlichkeit in entsprechende Führungsqualitäten umzusetzen. Daraus können sich Kompetenzen entwickeln, die zusammengefasst unter dem Begriff „Human Leadership“ eine neue Ära der Führung in vielen Unternehmen einleiten können. „Human Leadership“ und „Human Responsibility“ werden dann zu notwendigen Kernkompetenzen, wenn es darum geht, richtig, d. h. angemessen, zu kündigen.

Hervorragende Führungskräfte sind Menschen, die den Wunsch und die Fähigkeit haben, andere zu beeinflussen sowie Mitarbeitern und Managern zu helfen, selbst erfolgreich zu werden. Mitarbeiter und Manager fühlen sich in Unternehmen wohl, in denen sie als Menschen gesehen und angenommen werden. In der Regel korreliert mit dem persönlichen Wohlfühlfaktor auch die persönliche Erfolgsquote. Menschlichkeit nutzt damit dem Unternehmenserfolg am Ende des Tages. Deshalb ist menschliche Führung, „Human Leadership“, so wichtig.

### 7.8.1 Verständnis, Wertschätzung und Empathie

Menschlich zu führen impliziert, Verständnis für Menschen zu demonstrieren, Wertschätzung zu zeigen, Empathie aufzubringen, entsprechend zu agieren oder zu reagieren.

- Denken Sie darüber nach, welche Emotionen Ihr Verhalten oder Ihre Aussagen auslösen. Die Herausforderung für Sie als Führungskraft mit Mitarbeiterverantwortung ist zu verstehen und zu sehen, dass die meisten Menschen sich ihren eigenen Emotionen überlassen und diese entweder unkontrolliert ausdrücken oder sie herunterschlucken.
- Überlegen Sie, ob es eine Ihrer Maximen ist, Ihren Mitarbeitern und Managern zu helfen, erfolgreich zu sein.

- Fragen Sie sich, wie gut Sie Ihre Mitarbeiter und Manager wirklich kennen. Betrachten Sie diese Personen nicht als „Human Capital“, sondern als „Human Treasure“, als einen Schatz und vor allem als Menschen aus Fleisch und Blut, mit Herz und Verstand, mit Stärken und Schwächen, mit einer Lebensgeschichte, mit Präferenzen und Abneigungen und einem speziellen Weltbild, das deren spezifische Kultur und Erziehung reflektiert. Man muss nicht immer verstehen, warum andere so sind, wie sie sind, aber respektieren muss man sie unbedingt.

Sie selbst sind immer auch Vorbild. Ein Aspekt dabei ist, dass gute Vorbilder ihre eigenen Werte kennen und ihre Aktionen an diese anpassen. Das heißt, Sie müssen sich über Ihre Werte im Klaren sein, sich dieser bewusst werden. Sie sollten überlegen, wie Sie sie im täglichen Berufsalltag und Management umsetzen können. Sind sie kongruent mit denen des Unternehmens? Sind Sie sich auch mit Ihren Mitarbeitern und Managern darüber einig, wie diese Werte konkret im Alltag umgesetzt werden können?

Eine gute Übung für alle Führungskräfte und deren Mitarbeiter ist, darüber gemeinsam zu diskutieren. Sie sollten zusammenstellen, was die Werte des Unternehmens konkret für die eigene Fachabteilung und die jeweiligen Positionsinhaber bedeuten, welche Werte die wichtigsten sind und wie diese Werte überhaupt gelebt werden können. Wir alle wissen, dass Werte in den meisten Unternehmen perfekt auf dem Papier formuliert sind, aber auch, dass jeder Einzelne in der Regel ein anderes Verständnis von diesen Werten und deren Umsetzung hat.

Wenn Werte länderübergreifend gelten sollen, wird es komplexer. Unterschiedliche Kulturen und die Auslegung und Übersetzung der Werte komplizieren Führung auf internationaler Ebene. Die Herausforderung besteht dann darin, eine gemeinsame Vorstellung, wenn nicht gar Einigung darüber zu erzielen, welche Aktionen welchen Wert unterstützen. Das ist manchmal ein schwieriges Unterfangen, jedoch auch notwendig.

Was bedeutet es, einen Wert wie Vertrauen, Team und Integrität im täglichen Umgang miteinander zu leben? Das Vertrauen untereinander und zu Ihnen als Manager wird, wie in den früheren Kapiteln beschrieben, sofort zerstört, wenn Sie die Kommunikation über eine Kündigung nicht korrekt durchführen. Ihre Glaubwürdigkeit als fähige Führungskraft wird zudem in Frage gestellt. Es gibt wenige Manager und Unternehmen, das sich darüber in aller Konsequenz bis zum Schluss Gedanken machen. Es wäre auch eine gute Möglichkeit, bereits bei Einstellungsgesprächen oder bei Assessments von neuen Mitarbeitern und Managern die Firmenwerte in die Interviews mit einzubeziehen, um zu prüfen, inwieweit ein potenzieller Kandidat sich mit diesen Werten identifizieren kann und wie er diese leben würde.

### 7.8.2 Es darf keine Verlierer geben – zu keiner Zeit!

Ein Erfolg, der zu Lasten oder auf Kosten des Anderen erzielt wird, ist kein nachhaltiges Führungsmodell, auch kein vorbildliches oder nachahmenswertes. Es darf auf der menschlichen Ebene keine Verlierer geben! Kein Manager oder Mitarbeiter darf gleichgültig behandelt oder gar gedemütigt werden, in seiner Würde und seinem Ansehen verletzt, wenn er oder sie gekündigt wird. Egal, um welche Gründe es sich auch immer handelt Dieser Anspruch ist nicht verhandlungsfähig. Als die Person, die jemandem kündigt, sind Sie sowieso in der stärkeren Position. Der Mitarbeiter oder Manager ist bereits durch die Kündigung emotional und seelisch in die Knie gegangen. Machen Sie es nicht noch schlimmer, indem Sie das ignorieren. Ungewollt gekündigt worden zu sein, ist für jeden in der eigenen Wahrnehmung ein Versagensdokument, unabhängig von den Fakten.

Achten Sie darauf, dass Sie dies nicht noch durch Härte, Kälte, Ignoranz und Delegation der Verhandlungen an Dritte verschärfen. Vergessen kann man eine Kündigung sowieso nicht — weder deren Umstände, noch die beteiligten Personen noch den Ort. Niemals, auch wenn es längst abgeschlossen und verarbeitet worden ist.

Folgende Fehler sollten Sie auf jeden Fall vermeiden.

### 7.8.2.1 Behandeln Sie den zu Kündigenden nicht wie einen Schwerverbrecher

Sie denken sich wahrscheinlich, erstens mache ich das sowieso nicht, und zweitens ist diese Beschreibung eine völlige Übertreibung. Ein Perspektivwechsel Ihrerseits ist jedoch notwendig. Versetzen Sie sich in die Lage des Gekündigten. Die Verhaltensweisen der verantwortlichen Vorgesetzten waren es, wodurch sich der bzw. die Gekündigte wie ein Schwerverbrecher behandelt fühlt bisher. Bei folgenden Maßnahmen wird genau dieser Eindruck entstehen:

- Security-Personal einschalten,
- an den Schreibtisch begleiten und das Einpacken der privaten Sachen mit Argusaugen bewachen (wenn jemand bewusst und vorsätzlich Diebstahl in irgendeiner Form betreiben wollen würde, dann hat er es bereits vorher gemacht);
- PCs und Handys sofort heraus verlangen;
- Sperrung von Einlass-Karten, E-Mail-Accounts, Telefonnummern sofort nach der Kündigung bzw. bereits davor;
- für Kollegen und Mitarbeiter sichtbar kündigen anstatt sich draußen/woanders zum Gespräch treffen (Sichtbarkeit durch Glastüren in Büros, Firmeneingang, Eintrag der Kündigung in öffentliche Kalender, E-Mails mit großem Verteiler, SMS etc.);
- Kontaktverbot mit den verbleibenden Mitarbeitern aussprechen;
- keine Abstimmung der öffentlichen Kommunikation durchführen (Wer kommuniziert mit welchem Inhalt?);
- der Rauswurf verdienstvoller Mitarbeiter oder Manager wird mit einem einzigen, dünnen Satz bei der schriftlichen Kommunikation an den Rest des Unternehmens kommentiert (das heizt die Gerüchteküche an und kommt damit einer Rufschädigung für den Betroffenen gleich).

### 7.8.2.2 Delegieren Sie das Kündigungsgespräch nicht an Dritte

Sie haben in der gemeinsamen Zeit mit Ihrem Mitarbeiter oder Manager nicht nur eine berufliche, sondern auch eine persönliche Beziehung aufgebaut. Bleiben Sie weiterhin fürsorglich. Sie wurden und werden immer wahrgenommen als der Stärkere in dieser Beziehung — und sind es schon immer gewesen, allein aufgrund Ihrer hierarchischen Stellung. Wenn Sie diesen Menschen sogar selbst eingestellt haben, gab es am Anfang und in den Jahren danach in jedem Fall eine positive, sympathische und loyale Beziehung. Führen Sie daher das Gespräch, das zu einem Ende der Beziehung führt und sämtliche Inhalte der Austrittsverhandlungen, selbst. Delegieren Sie es nicht an Personal- oder HR-Manager oder Rechtsanwälte. Wenn Sie dieses schwierige Gespräch nicht selbst führen, wird der Gekündigte dies als Höchstmaß an Kaltblütigkeit, Arroganz, Feigheit und Führungsschwäche empfinden und entsprechend reagieren. Dies impliziert, dass auch gegenüber Kollegen, Mitarbeiter, Managern und Kunden beschrieben wird, was Sie getan haben — mit der entsprechend negativen Wirkung für Sie und das Unternehmen. Ihre Reputation als professioneller Manager und fairer Mensch wird leiden.

Wer Verhandlungen über Kündigungsmodalitäten delegiert, schafft eine Distanz, die für niemanden förderlich ist. Vor allem dann nicht, wenn es um Auflösungsverträge, Kündigungsfristen, die offizielle Kommunikation und andere Details geht.

Lassen Sie sich von Fachleuten, wie Rechtsanwälten und Personal- bzw. HR-Managern ausführlich beraten, aber führen Sie die Gespräche mit dem Gekündigten selbst durch. Weshalb?

1. Die gekündigte Person erlebt es als persönliche Demütigung, wenn Sie sich offenbar nicht mehr um die sehr wichtigen Details des Austritts selbst kümmern. Das wird zudem als Führungsschwäche beurteilt, übrigens nicht nur vom Betroffenen, sondern von allen Personen, die direkt oder indirekt involviert sind, auch.
2. Es sollte Sie persönlich interessieren, was mit der Person, zu der Sie jahrelang ein vertrauensvolles Verhältnis hatten, weiterhin passiert und wie sie behandelt wird. Schließlich gehört diese Einstellung zu einer verantwortungsvollen Führungskraft. Zu wenig Zeit Ihrerseits für die Abwicklung ist nicht korrekt. Es ist wünschenswert und dem Frieden dienlich, wenn Sie sich selbst als Vorgesetzter um die Austrittsverhandlungen kümmern und sie mit der betreffenden Person besprechen.

Engagieren Sie sich nicht persönlich, sondern delegieren diese Aufgabe, laufen Sie Gefahr, dass die Angelegenheit eskaliert. Der Betroffene wird sich wütend einen Rechtsanwalt nehmen und, wenn er von diesem schlecht beraten wird, wird er Sie und damit das ganze Unternehmen vor ein Arbeitsgericht ziehen, statt eine interne Lösung oder einen Vergleich anzustreben. Der Vorschlag eines Vergleichs muss in jedem Fall von Ihnen selbst kommen. So können Sie sich und den anderen im Unternehmen erheblich Zeit und Geld sparen und das öffentliche Bild des Unternehmens positiv beeinflussen.

### 7.8.3 Wertschätzend und empathisch kommunizieren

Wenn ein Kündigungsgespräch die Königsdisziplin in der Führung ist, sind Empathie, Wertschätzung und Respekt die Königsdisziplinen in der Kommunikation, bei der es keine Verlierer gibt. ‚Human Leadership' eben. Wer seinem Gegenüber respektvoll und wertschätzend begegnet, stimmt den Menschen wohlwollend – vor allem in schwierigen Gesprächen und erst recht in Konfliktsituationen. Die schwierigste Übung in einem Konfliktgespräch ist es, tatsächlich den Respekt seines Gegenübers zu gewinnen. Viele halten das für überflüssig, doch wenn Ihr Gegenüber Ihnen Respekt zollt, haben Sie sehr viel gewonnen und mehr als nur ein Problem gelöst.

‚Human Leadership' und ‚Human Responsibility' können Sie dann vermitteln, wenn Sie sich zunächst Ihren eigenen Emotionen stellen und dann den Emotionen des anderen genau so authentisch begegnen. Das ist ein schwieriges Unterfangen für die meisten. Ein Muss ist es, die Emotionen zu identifizieren, um sie in die richtigen Bahnen lenken zu können. Es geht darum zu erkennen, dass Emotionen in solchen Situationen eine gelernte Reaktion sind, ausgelöst durch die Bewertung von Verhaltensweisen als „gut" oder „schlecht".

Sie können Ihre eigenen Emotionen z. B. steuern, indem Sie die Gedanken dazu verändern oder sich ablenken. Das Ziel in einem Kündigungs- oder Konfliktgespräch muss es sein, eine möglichst neutrale Sichtweise zu erhalten. Emotionen können Sie neutralisieren, indem Sie sich fragen: „Sind diese Emotionen in dieser Situation hilfreich? Sind sie einer Lösungsfindung, dem Unternehmen und dem Betroffenen dienlich oder nicht?"

Mit den Erkenntnissen daraus können Sie innerlich Abstand nehmen, sich den Emotionen Ihres Gegenübers zuwenden und sie entsprechend steuern. Sie sind dann in der Lage, Ihrem Gegenüber angemessen, achtsam und respektvoll zu begegnen.

Psychologische Kenntnisse sind notwendig, um sich Konfliktgesprächen, insbesondere Kündigungsgesprächen angemessen stellen zu können.

Falls Sie mehr über die enorme Bedeutung und den Erfolg wertschätzender, empathischer und respektvoller Kommunikation erfahren möchten, kann ich Ihnen hier zwei Bücher empfehlen:

1. Dr. Marshall Rosenberg: „Gewaltfreie Kommunikation"
2. Matthew Alexander: „How to Break a Terrorist. The U.S. Interrogaters Who used Brains, Not Brutality, to Take Down the Deadliest Man in Iraq."

Letzteres ist ein ungewöhnliches Buch, zwar schockierend, jedoch reich an Erkenntnissen, das zeigt, dass sich eine Ausbildung in empathischer, respektvoller Kommunikation in jedem Fall lohnt. Das Buch beschreibt sehr eindringlich, dass es in absolut jeder schwierigen Situation notwendig ist, sich von den eigenen Emotionen zu distanzieren und nur ein Ziel im Auge behalten: „Wie verhalte ich mich so, dass mein Gegenüber Vertrauen zu mir aufbaut, positiv gestimmt wird und wir so einer Lösung des Konflikts näher kommen?"

Das ist die hohe Kunst der wertschätzenden und respektvollen Kommunikation. Wenn sich diese Form der Kommunikation selbst in solch extremen Situationen wie den dort geschilderten Verhören von Terroristen erfolgreich bewährt hat, sollte es Managern in Kündigungs- und Konfliktgesprächen erst Recht gelingen. Doch wie macht man das?

#### 7.8.3.1 Begegnen Sie Ihrem Gesprächspartner immer auf Augenhöhe

Sie wollen keine Verlierer produzieren? Dann begegnen Sie Ihrem Gegenüber auf Augenhöhe und nicht aus einer Überlegenheitsposition heraus, auch wenn Sie der Vorgesetzte sind. Der Betroffene fühlt bereits im Vorfeld, dass etwas nicht stimmt, und geht mit (unbewussten) Ängsten und Unsicherheit in das Gespräch. Verhalten Sie sich wie ein Coach: Bringen Sie das Niveau der Angst und Unsicherheit bei dem Kandidaten herunter und gehen Sie auf ihn ein – verbal und nonverbal. Wie man das macht?

- Suchen Sie nach Gesprächsthemen, die für die Person bedeutsam sind, und knüpfen Sie daran an.
- Nehmen Sie eine neutrale Position ein und distanzieren Sie sich von Ihren eigenen Urteilen, Vorstellungen, Erwartungen und Emotionen. Stellen Sie selbst Ihre eigenen Gefühle und Ziele in diesem Gespräch zurück, hören Sie zu, stellen Sie Fragen und versetzen Sie sich in die Person hinein.
- Spiegeln Sie die Kommunikationsmuster des Gegenübers – verbal und nonverbal.
- Da Ihr Mitarbeiter(in) bzw. Manager(in) kein Unbekannte(r) ist, können Sie wichtige Details dieser Person reflektieren und dafür Verständnis zeigen.

### 7.8.3.2 Nehmen Sie Rücksicht auf Emotionen

Werfen Sie die Kündigung dem Betroffenen nicht mit einem einzigen Satz an den Kopf, geben Sie keine vagen Begründungen und vor allem keine falschen Informationen über wichtige Details. Kommunizieren Sie Ihr Bedauern und den aufrichtigen Wunsch, dass es Ihnen lieber gewesen wäre, wenn sich die Dinge anders entwickelt hätten und es nicht zu einer Kündigung gekommen wäre.

Bleiben Sie so lange bei dem Gekündigten sitzen, bis alles besprochen ist und die Emotionen abgeklungen sind. Eine Richtschnur dafür, sich angemessen zu verhalten, ist, sich immer selbst zu fragen:

Wie wollen Sie selbst persönlich behandelt werden, wenn man Ihnen eines Tages kündigen wird? Doch bestimmt so, dass Sie das Gefühl haben, dass Sie trotz allem respektiert werden und man Ihnen Wertschätzung und Anerkennung für Ihre vergangenen Leistungen und einen guten Job entgegenbringt!

Auf der Suche nach Ihrer Antwort für sich selbst werden Sie die richtige Antwort für den anderen kennenlernen und die richtigen Worte finden. Das sollte der Maßstab für Ihre Kommunikation sein.

Ihr wichtigstes Ziel bei einer Kündigung ist es, Schadensbegrenzung für alle Beteiligten – den Betroffenen, das Unternehmen, die verbleibenden Mitarbeiter und Manager – anzustreben. Eine einfache und hinreichend bekannte Vorgehensweise in Konfliktgesprächen gilt deshalb auch für Kündigungen:

1. Trennen Sie unbedingt zwischen der Person und der Sache. Egal welche Gründe vorliegen, sprechen Sie immer Ihre persönliche Wertschätzung gegenüber dem Betroffenen aus. Dadurch kommunizieren Sie direkt, dass die Kündigung nichts, wirklich gar nichts mit der Persönlichkeit und dem Charakter des Menschen zu tun hat. Sie kündigen nicht, weil Sie den Menschen in Frage stellen. Das hilft dem Betroffenen sehr, nicht nur die bittere Pille zu schlucken, sondern sich nicht auch noch als Versager zu fühlen. Das Selbstwertgefühl bleibt so erhalten – ein extrem wichtiger Effekt für die weitere persönliche und berufliche Zukunft dieses Menschen, für den Sie noch Verantwortung tragen.
2. Auch wenn Sie es rechtlich nicht immer tun müssen: Geben Sie immer einen sachlichen Grund für die Kündigung an. Legen Sie dar, welche fachlichen oder betriebswirtschaftlichen bzw. unternehmerischen Entscheidungen (Restrukturierung oder Kosteneinsparungsprogramme etc.) zur Entlassung geführt haben. Sie lassen sich nachvollziehbar darstellen und werden in der Regel von Mitarbeitern und Managern, die sich mit dem Unternehmen identifizieren, nachvollzogen.

Wenn Ihnen beides gelingt, werden die Folgeschäden für alle Beteiligten geringer sein:

- Die Kündigung ist weniger emotional tiefgreifend und schockierend für den Betroffenen. So reduzieren Sie das Risiko von Folgeschäden wie Krankheit, Langezeitarbeitslosigkeit etc.
- Der Betroffene ist eher geneigt, die Sache nicht juristisch prüfen zu lassen. Eventuell werden also Zusatzkosten für Rechtsanwälte und einen Prozess vermieden.
- Verbleibende Mitarbeiter und Manager behalten ihr Vertrauen in eine positive Unternehmenskultur auf der Basis gelebter Werte. Das ist wichtig, um weiterhin deren Engagement und Motivation sicherzustellen.

Wie vermittelt man nun Wertschätzung, Empathie und Respekt? Viele andere Kündigungsexperten empfehlen in ihren Büchern, eine Kündigung schnell über die Bühne zu bringen, d. h. kurz und knapp zu sagen, dass gekündigt wird. Ich halte davon nichts. Ein solcher Kommunikationsstil ist einer der größten Fehler im Kündigungsgespräch, der schockierte Menschen hinterlässt, die von Therapeuten erst mal aufgefangen werden müssen.

Dagegen hat sich die „Sandwich-Technik" meiner Beobachtung nach besser bewährt. Sie hat einen beruhigenden Effekt durch wertschätzende Kommunikation. Ein Mensch kann wesentlich besser eine Kündigung verkraften, wenn Sie zuerst Rapport, d. h. eine positiv reflektierende Verbindung, zu ihm herstellen. Das heißt, Sie heben seine besonderen Eigenschaften und Stärken hervor und wertschätzen diese. Diese Technik mag merkwürdig klingen, weil wir in unserer Kultur denken, dass in einem konfliktgeladenen Gespräch unbedingt viel Negatives gesagt werden muss als Rechtfertigung bzw. Begründung. Doch dem ist nicht so. Die Kündigung ist schon Drama genug, man muss nicht noch zusätzlich auf den Betroffenen einschlagen. Denn so wird die Situation empfunden, wenn Sie mit zwei, drei knackigen Sätzen die Exekution ankündigen und wieder verschwinden. Versetzen Sie sich am besten in die Lage Ihres Gegenübers. So behandelt zu werden, wäre auch ein Albtraum für Sie.

Drei Schritte beinhaltet die „Sandwich-Technik":

1. Zeigen Sie Ihre Anerkennung über die Stärken, Leistungen, Verdienste, die diese Person für das Unternehmen und für Sie erbracht hat. Anerkennung zu zeigen produziert Wohlwollen. Auch für Negatives wie eine Kündigung haben Menschen erstaunlicherweise mehr Verständnis, wenn sie vorher etwas Positives hören. Der Dank für die vergangene Leistung sollte am Anfang des Gesprächs erfolgen und nicht zum Schluss. Dafür hat nämlich am Ende niemand mehr Verständnis.
2. Erst danach sprechen Sie aus, dass die Zusammenarbeit beendet werden muss. Nennen Sie dabei sachlich nachvollziehbare Gründe. Wer sich anerkannt fühlt, wird weniger emotional und verletzt reagieren, er kann dann sachlichen Argumenten eher folgen. Sie können sogar mit Verständnis rechnen, wenn Sie die Entlassung logisch nachvollziehbar begründen.

3. Das Gespräch abschließen sollten Sie wiederum mit positiven Aussagen. Geben Sie Unterstützung. Bieten Sie bei den Austrittsverhandlungen ein Personal Coaching oder eine Outplacement-Beratung an und ein finanzielles Auffangnetz für die nun beginnenden schwierigsten 6 bis 12 Monate.

Zu guter Letzt: Schreiben Sie ein positives Zeugnis. Damit erweisen Sie dem Gekündigten einen letzten guten Dienst. Nicht nur das. Sie selbst fühlen sich damit besser — vor allem im Nachhinein. Es reduziert die eigenen Schuldgefühle.

Bei allen Schritten ist es notwendig, dass Sie glaubwürdig und ehrlich bleiben — für sich und für andere. Stellen Sie sich den Emotionen, die aufkommen können. Zeigen Sie Mitgefühl und Bedauern. Seien Sie zugewandt und achtsam, hören Sie zu, sprechen Sie mit der Person ohne Schreibtisch oder Tisch dazwischen und stellen Sie so Kontakt her — und räumen Sie auch eigene Fehler ein.

### 7.8.4 Die Vorphase einer Kündigung

#### 7.8.4.1 Bereiten Sie sich gut vor

Bereits Monate, bevor es zu einer Kündigung kommt, hat es wahrscheinlich Vorfälle oder Probleme mit dem Mitarbeiter gegeben, die Ihnen als Vorgesetztem negativ aufgefallen sind. Sprechen Sie bereits in solchen Situationen offen und klar die Probleme an und kommunizieren Sie die Folgen dieses Verhaltens klar und deutlich. Positive, mitarbeiterorientierte Führung schließt Konfliktgespräche nicht aus. Tun Sie das nicht, wird eine spätere Kündigung als abrupt, unfair und unverständlich wahrgenommen.

Informieren Sie sich detailliert über den Mitarbeiter — seine persönliche Situation, seine bisherige Karriere, sein Arbeitsverhalten. Eine genaue Vorbereitung ist ein Signal an Empathie, Respekt, Wertschätzung und ganz nebenbei bereits aus juristischen Gründen notwendig.

Beste Performance zu leisten, heißt mehr, als nur die Fakten zu kennen, die in der Personalakte stehen. Durch Ihre persönlichen Kenntnisse über die betroffene Person fühlt sie sich wahrgenommen und entsprechend ge-wertschätzt. Sie können allein dadurch eine gewisse emotionale Stabilität und Sicherheit vermitteln.

Jede Kündigung sollte individuell und maßgefertigt vorbereitet und vorgetragen werden. Menschen sind Individuen. Deshalb gibt es auch für Kündigungen keine allgemeingültigen Schemata, Schablonen und Vorgehensweisen.

- Sie sollten Kenntnisse darüber haben, was der Mitarbeiter bisher im und für das Unternehmen geleistet hat. Sie brauchen eine schriftliche Dokumentation über seine Leistungen und die bisherigen Leistungsbeurteilungen. Diese Unterlagen sollte es in allen professionell geführten Unternehmen geben. Falls nicht, schauen Sie, dass diese wichtigen Personalführungsprozesse implementiert werden.
- Sie müssen zudem wissen, wie es um die persönliche Situation des Betroffenen bestellt ist. Ob Sie die Informationen formell oder informell erhalten: das Mindeste sind Kenntnisse über den bisherigen Lebensweg, existierende Krankheiten, Herkunft, finanzielle Situation, Zukunftspläne, Chancen je nach Alter. Natürlich spielt auch die spezifische Familiensituation eine große Rolle (allein, frisch geschieden, alleinerziehend oder in einer funktionierenden Familie). Wenn Sie die Bedürfnisse und Wünsche des Kandidaten kennen, können Sie durchaus ein monetäres Incentive entwerfen, das den Umständen Rechnung trägt. Ein solches Incentive erleichtert die Annahme und die Verarbeitung der Kündigung und reduziert die Unberechenbarkeiten.
- Selbstverständlich müssen Sie sämtliche Inhalte des Arbeitsvertrags korrekt kennen, die vertraglichen Klauseln für den Kündigungsfall und deren juristisch richtige Interpretation gemäß dem jeweiligen Länder-Arbeitsrecht.

Erst wenn Sie aus all diesen Faktoren das komplette Bild zum Betroffenen zusammengesetzt haben, sind Sie in der Lage, eine Strategie für das Kündigungsgespräch zu entwerfen. Die Chance, dass Sie in einem Kündigungsgespräch alles richtig machen, steigt mit dem Grad Ihres Wissens und Ihrer Bereitschaft, dieses in das Gespräch einzubeziehen. Die hier investierte Vorbereitungszeit macht sich in jeder Hinsicht bezahlt.

#### 7.8.4.2 Verschaffen Sie sich ein juristisches Grundwissen

Sie sollten ein Basiswissen über die wichtigsten arbeitsrechtlichen Gesetze und Urteile haben, damit Sie nicht jedes Mal einen externen Rechtsanwalt anrufen müssen. Sie müssen zudem die juristischen Sitten und Gepflogenheiten in der Rechtsprechung des jeweiligen Landes kennen, wenn Sie Länderverantwortung tragen. Die rechtlichen Bestimmungen können von Land zu Land abweichen. So muss ein Arbeitgeber in Großbritannien und in Deutschland zuerst einen formellen Prozess einhalten, bevor er Arbeitnehmern kündigen darf. In den Benelux-Staaten existiert eine Anhörungspflicht, bevor ein Geschäftsführer gekündigt werden darf.

Das Arbeitsrecht, egal in welchem europäischen Land, definiert lediglich das Minimum, das von Arbeitgebern zum Schutz der Mitarbeiter und Manager erfüllt werden muss. Als Vorgesetzter können Sie über diesen Basisrahmen hinaus mehr anbieten, als Sie es laut Gesetz tun müssten. Vor allem bei langjährigen Mitarbeitern sollte hiervon Gebrauch gemacht werden, wenn es das Unternehmen nicht an den Rand des Ruins bringt. Das ist übrigens Usus in den großen Konzernen, die ich kennenlernen durfte. Diesen in gewissen Maßen finanziellen Freiraum hat jeder Vorgesetzte mit Mitarbeiterverantwortung. Sie haben ein Budget zur Verfügung. Letztlich helfen Sie damit dem Unternehmen und seinen übrigen Mitarbeitern in puncto Betriebsklima, Unternehmenskultur und Employer Branding.

#### 7.8.4.3 Nennen Sie in jedem Fall nachvollziehbare, sachliche Gründe

Falls Sie einem Mitarbeiter oder auch Manager der mittleren oder oberen Führungsebene kündigen müssen, der im Laufe einer ihm gesetzten Frist die mit ihm vereinbarten Leistungsparameter (Ziele, Umsätze, Profit, umzusetzende Strategien etc.) nicht erreicht hat, dann kennt dieser die Kündigungsgründe ohnehin sehr genau und auch die Konsequenzen, die dies hat. Sicher wird er sich dann mit Gegenargumenten rechtfertigen, doch er kann die Gründe nachvollziehen. In solchen Fällen gibt es wenig Anlass zu Diskussionen. Wenn Sie im Vorfeld die relevanten Themen bereits angesprochen haben und ein Manager der mittleren oder oberen Führungsebene nicht kooperieren will, ist es üblich, in einem angemessenen Zeitrahmen Korrekturen zu verlangen und die entsprechenden Konsequenzen bei Nichteinhaltung anzukündigen. Denken Sie an den beschriebenen Veränderungsprozess im Bild der Vier-Zimmer-Wohnung.

In allen anderen Fällen sollten Sie sich die Kündigungsgründe genau überlegen, sie juristisch wasserdicht machen und sie deutlich wie glaubhaft vortragen können. Sie müssen damit rechnen, dass diese Gründe in Frage gestellt und diskutiert werden. Bereiten Sie sich darauf vor.

Rechnen Sie nicht mit Verständnis, rechnen Sie damit, dass Ihr Gegenüber sämtliche menschliche Reaktionen zeigen kann – erstarrtes Schweigen, Trauer, Tränen, unverhohlene Aggression oder Hass, Zusammenbruch, wortloses Verlassen des Raumes etc. Lernen Sie damit umzugehen.

Sie würden möglicherweise genau so reagieren, wenn man Ihnen an den Kragen will. Sie müssen unbedingt auf diese Varianten angemessen reagieren können. Gehen Sie deshalb die Extra-Meile als Führungskraft.

Zusammengefasst brauchen Führungskräfte mit Mitarbeiterverantwortung und HR-Manager zusätzlich zu ihrem Fachwissen:

- ein Training über psychologische Grundlagen, es sollte Pflichtfach und Teil der Ausbildung sein;
- verschiedene Instrumente der Gesprächsführung, um flexibel auf den Menschen und die Reaktionen in einem Kündigungsgespräch reagieren zu können;
- ein Training in „Respektvoller Kommunikation“;
- Verhandlungstechniken;
- Menschenkenntnis, um das notwendige Verständnis für die Person auf der anderen Seite des Tisches aufzubringen und entsprechend zu kommunizieren.

Zu guter Letzt: Muten Sie keiner jungen und unerfahrenen Führungskraft oder einem solchen Mitarbeiter zu, ein Kündigungsgespräch zu führen. Achten Sie genau darauf, **wer** einem langjährigen Mitarbeiter oder Manager kündigt, wer ihn in den Vorruhestand befördert oder die Austrittsverhandlung führt. Dies sollten immer erfahrene Führungskräfte tun, die genug Lebenserfahrung mitbringen, um in diesem schwierigsten aller Gespräche adäquat agieren und reagieren zu können.

## 7.9 Ein neues Bewusstsein für einen menschlicheren Umgang in Unternehmen

*„Der Europa-Manager, der mein Chef war, hatte sich keinerlei Gedanken gemacht zu der Frage, wie bringe ich ihm das möglichst schonend bei. Es gab auch keine Vorwarnung oder Vorab-Gespräche, die mir gezeigt hätten, dass etwas falsch lief. Wie demütigend ist das? Man muss solch ein Verhalten entweder als Unprofessionalität oder persönlichen Racheakt deklarieren. Von Kinderstube keine Spur. Respektvoller Umgang miteinander – in den Unternehmensfibeln deutlich als Wert proklamiert – offenbar hatte er davon nie gehört ... die Unternehmenswerte auf dem Papier und die Realität bei der Umsetzung klaffen weit auseinander!" (Markus K., General Manager)*

*„Ich habe meine Werte und dafür stehe ich auch ein. Meine wichtigsten Werte sind persönliche Integrität, das heißt, dass ich mich voll verantwortlich sehe für das, was ich als Manager getan habe. Der zweite wichtige Grundsatz ist für mich immer gewesen, in der Personalführung offen, transparent und fair zu sein. Im Zweifelsfall auch zu Lasten der Wirtschaftlichkeit des Unternehmens. Menschlichkeit mindestens auf der Höhe der Wirtschaftlichkeit; im Zweifel sogar vor der Wirtschaftlichkeit. Es wurden jedoch sehr verdiente und langjährige Manager rausgeworfen, nur weil bestimmten Leuten die Nase nicht gepasst hat." (Thomas M., Mitglied der Geschäftsleitung)*

*„Es klafft eine große Lücke zwischen den nach außen kommunizierten Unternehmenswerten und dem Verhalten des Topmanagements gegenüber den direkt abhängigen Managern, die sich selbst zu Führungsaufgaben verpflichtet haben. Erst recht, wenn es um die Kündigung eines Mitarbeiters bzw. Managers geht. Da werden die vielgepriesenen Werte völlig ignoriert – im Innenverhältnis. Wie sonst ist es zu erklären, dass ein CEO gegenüber seinem Geschäftsführer drei Jahre Vertrauen proklamiert und als wichtigsten Wert deklariert, dass sie gemeinsam als Team bestens zusammenarbeiten, und er*

*diesen Manager dann plötzlich und ohne Vorwarnung rauswirft? Und dann auch noch das Handy wegnehmen ... Um Kosteneinsparung ging es dabei sicher nicht." (Anja P., Geschäftsführerin)*

Bei derartigen Kommentaren in der Öffentlichkeit sind ansprechende Webseiten, glanzvolle Unternehmensbroschüren oder Werbekampagnen wenig glaubwürdig. Inzwischen kann sich niemand mehr verstecken – jedes große Unternehmen ist transparent für die allgemeine Öffentlichkeit.

Die Sitten und Umgangsformen haben sich in den Unternehmen in den letzten zehn Jahren bekanntermaßen gewaltig verändert. Reorganisationen, Restrukturierungen scheinen mittlerweile die beliebtesten Kündigungsgründe. Sie sind die einfachsten Lösungen für die Probleme eines Unternehmens – und um Mitarbeiter und Manager loszuwerden. Wir vergessen nur zu schnell in unserer Geschäftigkeit, Hektik und verstrickt in unsere Dramen, die um die Erreichung von Zielen und die Umsetzung von Strategien ranken, dass wir „Human Beings" sind. Doch wir verhalten uns wie „Human Doings", als ob genau dieses ständige Machen und Tun das einzige Maß aller Dinge ist. Wo bleiben unsere Menschlichkeit und unser Mit-Gefühl füreinander? Wo ist der Kern unseres Seins, die Essenz unseres ‚Human' und ‚Being' in seinen unendlichen Facetten und Möglichkeiten genau dann, wenn es wichtig ist: im Zusammensein mit unseren Mitmenschen, mit denen wir jeden Tag mehr Zeit verbringen als mit unserem Partner, den Freunden oder der Familie? Menschlichkeit und Respekt im Umgang miteinander sind immer im jeweiligen Moment gefragt. Stattdessen bestimmen Kälte, Verteidigen von Schein-Revieren, Rechthaberei, generelle Schuldzuweisungen, beleidigende Verbalattacken, Fehlinterpretationen von Gesagtem oder Geschriebenem, das allseits beliebte Mobbing, Lügen usw. unser tägliches Miteinander in Unternehmen.

Grenzüberschreitungen, die stark emotional verletzen, können traumatisieren. Psychische Übergriffe, nicht nur von Chefs zu Managern, sondern auch auf gleicher Hierarchiestufe, sind Alltag geworden. Alle beschweren sich darüber, doch kaum einer unternimmt wenigstens den Versuch, sich dagegen aufzulehnen. Menschen in wichtigen Positionen auf Unternehmens- wie auf Beraterseite kommunizieren in Konfliktgesprächen inzwischen so, als würden sie das Wetter von morgen im TV kommentieren. Die meisten halten es für normal und wehren sich nicht mehr dagegen, wenn ihre Würde mit Füßen getreten wird. Nach außen cool bleiben ist die allseits anerkannte, angeblich professionelle Verhaltensweise und Strategie.

Im Inneren ist jeder Mensch trotzdem verletzt und muss zusehen, wie er damit fertig wird. Die Rache lässt nicht lange auf sich warten. Es gibt Menschen, die im Stillen auf den Tag warten, an dem sie für die Verletzung oder Kritik zum Gegenschlag ausholen. Bis dahin bestimmen Zynismus und Sarkasmus ihr Denken und ihre Kommunikation, um sich einigermaßen Luft zu verschaffen. Sie suchen nach Fehlern bei dem angeblichen Feind, berichten anderen süffisant darüber oder handeln mit zerstörenden Mobbingstrategien.

In Wirklichkeit wollen die wenigsten so behandelt werden. Es kostet Kraft und Energie, ständig auf der Hut zu sein, sich Abwehrmaßnahmen auszudenken oder sich im Schmerz zurückzuziehen. Zudem vergiftet es die Atmosphäre, jegliche Versuche der menschlichen Annäherung sind zum Scheitern verurteilt. Weshalb? Weil das Vertrauen missbraucht und im schlimmsten Fall zerstört wurde. Niemand mag auf Dauer so leben, selbst die Personen nicht, die sich fleißig darin üben, andere verbal zu ohrfeigen und damit emotional zu verletzen.

Die meisten Menschen interpretieren jedwede direkte Kritik oder kritische Diskussion um die Sache als Angriff auf ihre Persönlichkeit. Argumentieren, diskutieren auf Sachebene ist so kaum mehr möglich geworden. Das bestätigen auch die Interviewten, die hier zu Wort gekommen sind. Folglich werden Diskussionen immer weniger über das Unternehmens- bzw. Sachthema geführt, als vielmehr darüber, wer Recht hat und damit vermeintlich als Gewinner hervorgeht. Kommen dann auch noch Emotionen des Gegenübers hinzu, kann das zu einem gefährlichen Spiel werden, wenn man sich emotional selbst nicht unter Kontrolle hat, sondern im Kampfmodus reagiert. Denn auch dem verträglichsten Menschen reißt eines Tages der Faden, wenn seine Geduld von den anderen als Schwäche missverstanden wird. Nicht nur Kinder benehmen sich außer Rand und Band, sondern manchmal auch Mitarbeiter und Manager. Offenbar wissen viele einfach nicht, wie man sich in schwierigen Situationen und Gesprächen verhalten muss. Wie auch, wenn es nicht gelehrt und trainiert wird. Wie man Kunden umgarnt und gewinnt, wird täglich geübt und ist wesentlicher Teil der Leistungsbewertungen von Managern und Mitarbeitern. ‚Customer Relationship Management' genannt. Gibt es ein solches CRM-Training auch für die internen Kunden, die Mitarbeiter und Manager, das zeigt, wie man mit miteinander umgeht?

‚Human Responsibility' ist das Stichwort für Führungskräfte und die entsprechende Haltung, Einstellung dazu. Sie ist auch besonders dann gefragt bei der Überbringung von schlechten Nachrichten.

Die Halbwertzeit eines CEO liegt heutzutage bei 26 Monaten in der Schweiz laut einer Studie von Korn Ferry. In Deutschland oder den anderen europäischen Ländern wird es nicht viel anders sein. Wie können Manager und Mitarbeiter in dieser kurzen Zeit überhaupt etwas Nachhaltiges und strategisch Sinnvolles umsetzen? Ein neues Wirtschaften, ein neues Bewusstsein für einen menschlicheren Umgang in Unternehmen ist notwendig geworden und sollte schleunigst entworfen werden. Die Antwort heißt: ‚Human Leadership' durch ‚Human Responsibility' — jeden Tag, jede Stunde.

Als Vorgesetzter, Manager und Arbeitgeber hat man auch mehr Verantwortung zu tragen. Man darf von jedem in dieser Position erwarten, dass er oder sie immer mal wieder über den eigenen Schatten springt und anders handelt, als er vielleicht plante es zu tun. Es gilt, verantwortlich und menschlich zu handeln, denken, fühlen und zu agieren, d. h. mit Wertschätzung, Respekt und Empathie. Man muss selbst noch nicht einmal eine eigene Kündigungserfahrung mitgemacht haben, um anders handeln zu können. Es reicht schon, ein solches Verhalten im eigenen Unternehmen beobachtet, davon gehört oder als Beteiligter miterlebt zu haben. Eine traumatische Situation für alle, die sich einbrennt und selbst nach Jahren noch nicht vergessen ist. Jeder von uns kennt solche Beispiele zur Genüge.

Wir vergessen nichts, wenn es um die Bedrohung unserer Existenz geht bzw. deren Abwehr. Eine Kultur, die inzwischen so weit geführt hat, dass ehemals gekündigte Manager in ihrem neuen Job selbst noch in der Probezeit die Jobsuche fortsetzen. Angst, dass das Gleiche in dem neuen Job wieder passieren wird, steuert das Verhalten und die Kommunikation. Eine Misstrauenskultur kann auf Dauer kein Unternehmen zum Erfolg führen.

Sind sich Führungskräfte der Konsequenzen bewusst? Trotz aller technischen Fortschrittsentwicklung, trotz großartiger Managementliteratur zum Thema ‚Leadership' haben wir offenbar den speziellen Algorithmus für respektvolle, wertschätzende Führung und Kommunikation — erst recht in Konfliktgesprächen und bei Kündigungen — noch nicht gefunden.

Wenn wir uns an den gemeinsamen Nenner erinnern, zu dem wir uns mit der Unterschrift im Arbeitsvertrag offiziell verpflichtet haben, fallen mir die Unternehmenswerte ein, die die Basis für die gemeinsame Zusammenarbeit sind: Werte wie Vertrauen, Loyalität, Kommunikationsstärke, Talent Management etc. Ich bin zu dem Schluss gekommen, dass in dieser ach so schönen neuen Arbeitswelt die Menschlichkeit verloren gegangen zu sein scheint. Doch das ist genau das, was wir im täglichen Umgang miteinander brauchen: Führungskräfte und Manager mit Humanität als zusätzlich gelebten Wert im Gepäck.

Weshalb ist das so wichtig? Weil wir Menschen in einer humanen Unternehmenswelt besser arbeiten können, um zu wachsen. Damit Kündigungen nicht die Regel, sondern die Ausnahmen werden, weil das Unternehmen, um seinen Erfolg zu sichern, sich intensiv um seine Mitarbeiter und Manager kümmert. Es geht ganz einfach bei allem, was wir tun, ausschließlich um Menschen. Seien es die Kunden draußen, die unsere Produkte oder Dienstleistung kaufen, oder die internen Kunden, die Mitarbeiter und Manager.

Deshalb sollten Unternehmen und deren Führungskräfte etwas Neues ausprobieren.

Ich schlage vor, eine neue Management- Position zu schaffen als Schnittstelle zwischen Unternehmensleitung und Mitarbeitern und Managern. Sie hat nichts anderes zur Aufgabe, als intern sicher zu stellen, dass Wertschätzung, Respekt und Empathie im Umgang miteinander gelebt werden in der Praxis. Es handelt sich um die Position des

**„Human Responsibility Manager“**.

Dieser Manager oder diese Managerin hat zur Aufgabe, die Philosophie und die Werte des Unternehmens in allen möglichen Facetten auf Menschlichkeit zu prüfen, zu konzipieren, umzusetzen und zusammen mit den Mitarbeitern und Managern zu leben. Dazu gehört, die Zufriedenheit und Motivation in den Teams aufzubauen und kontinuierlich sicherzustellen, z. B. durch möglichst viele gemeinsame Tätigkeiten, Incentives und andere teambildende Maßnahmen. Achtsamkeit und Aufmerksamkeit sind gegenüber jedem einzelnen Mitarbeiter und Manager gefordert. Es sind die oftmals kleinen Gesten und Aufmerksamkeiten, die den Unterschied ausmachen. So bindet man Menschen langfristig an das Unternehmen. Diese(r) **„Human Responsibility Manager“** soll mit der eigenen Begeisterung andere anstecken können, Elemente der Wertschätzung für Mitarbeiter und Manager entwickeln und im Unternehmen kommunizieren. Dazu gehört auch, den respektvollen Kommunikationsstil maßgeschneidert zu entwickeln und in einer hauseigenen Akademie zu trainieren und zu kontrollieren.

‚Human Responsibility‘ heißt, nah an den Mitarbeitern und Managern zu sein, mit ihnen zusammen die Arbeitswelt zu gestalten und Menschlichkeit im Umgang miteinander sicherzustellen. Ein solches Modell wird bereits in einigen Unternehmen in Deutschland erfolgreich praktiziert. Dort trägt die Verantwortliche den Titel „Herzlichkeits-Beauftragte“.

# 8 Herzlichen Dank!

Bei der Entstehung dieses Buchs haben mich viele Menschen auf die unterschiedlichste Art und Weisen unterstützt. Mein Dank gilt in erster Linie meinen Freunden, die mich immer wieder bestärkten, weiter zu machen, und die mich in den oftmals schwierigen Schreibphasen begleiteten, die mich motivierten, mich nicht vom Weg abbringen zu lassen durch Einschüchterungen, versteckte Drohungen und Versuche, mich dem gängigen System und seinen Spielregeln anzupassen und zu schweigen. Meine tiefste Dankbarkeit für die rückhaltlose Unterstützung gilt im Besonderen Elena Herzog, Björn Heede, Djina Irmia, Lydia Klinger, Regina Mehler und Regina Mittelman. An dieser Stelle möchte ich außerdem die Gelegenheit wahrnehmen und mich bei drei ganz besonderen Menschen bedanken, auf deren Freundschaft ich mich seit vielen Jahren verlassen kann. Sie haben immer dann sofort und ungefragt geholfen, wenn ich Unterstützung dringend brauchte. Das sind Ralph Hekmat, Hans-Joachim Berndt („Bulle“) und Thomas Voigt.

Die erzählten Geschichten in diesem Buch sprechen eine klare Sprache. Durch die Unterstützung der Manager und Experten, die sich zu einem Interview bzw. einem Gespräch bereit erklärten, hat diese Thematik nicht nur an Glaubwürdigkeit gewonnen, sondern sie hat auch die Brisanz aufgezeigt, die dem Thema innewohnt. An dieser Stelle sei allen, die mir ihre Geschichte erzählten und im Speziellen denjenigen, deren Geschichte hier veröffentlicht wird, auf das Herzlichste gedankt. Ihrem Wunsch, mit ihrem Beitrag die Kultur in Unternehmen verändern zu helfen, wird mit diesem Buch Rechnung getragen.

Zu diesem Personenkreis gehören ebenso Rainer Faistauer, Dr. Martin Gschwender, Urs Tanno und der Rechtsanwalt und Experte für Arbeitsrecht.

Ohne die Verantwortlichen des Haufe-Verlags, die den Mut haben, dieses Buch zu veröffentlichen, würde es nicht die Plattform erhalten, die es benötigt, um vielleicht öffentlich wahrgenommen zu werden. Ich freue mich sehr, dass ich im Haufe-Verlag Menschen begegnet bin, die die Notwendigkeit für dieses Buch erkannt haben. Mein herzlicher Dank geht an Stephanie Walter, Heiner Huss, Elvira Plitt und Bettina Noé, die meine Intention verstanden haben und das Konzept so ließen, wie es von mir vorgesehen war.

Ich achte diejenigen, die mutig genug sind, den Status Quo nicht zu akzeptieren und Verantwortung zu übernehmen. Mein Dank geht an alle. Er kommt von Herzen. Ich wünsche jedem solche wunderbaren Menschen und Freunde an seiner Seite.

# 9 Literatur- und Quellenhinweise


Alexander, Matthew: How to break a Terrorist. The US-Interrogators who used brains, not brutality, to take down the deadliest man in Iraq, New York 2008.

Andrzejewski, Laurenz: Trennungs-Kultur und Mitarbeiterbindung, 3. Aufl., Köln 2008.

Baczko, Michael / Brenner, Doris, A.: Kündigung, Arbeitslosigkeit – Was dann?, Freiburg 2010.

Betz, Robert: Willst Du normal sein oder glücklich?, München 2011.

Blom, Hermann / Gramsbergen-Hoogland, Yvonne: Trennungsgespräche professionell führen, Renningen 2005.

Borbonus, René: Respekt, 3. Aufl., Berlin 2011.

Buffet Mary / Clark David: Die Macht der Ehrlichkeit: Warren Buffetts Management Kompass, Berlin 2011.

Canfield, Jack: The Success Principles – How to Get from Where You Are to Where You Want to Be, New York 2005.

Chopra, Dr. Deepak: Perfect Health – The Complete Guide Holistic Mind-Body Living, New York 2000.

Chopra, Dr. Deepak: The Soul of Leadership, New York 2010.

Chopra, Dr. Deepak: The Seven Spiritual Laws of Success. San Rafael, CA 2007.

Covey, Stephen R.: Der 8. Weg, 3. Aufl., Offenbach 2006.

Easwaran, Eknath: The Upanishads, Tomales 1987, 2007.

Esser, Christian / Schröder, Alena: Die Vollstrecker, München 2011.

Franklin, Benjamin: The Art of Virtue, 2011.

Hemmerich, Fritz H.: Wendepunkt Burnout, Augsburg 2011.

Kshirsagar, Dr. Manisha & Magno: Ayurveda, Twin Lakes 2011.

Ley, Ulrike / Michalik, Regina: Im Zickzack zum Erfolg. Die Kunst der zweiten Karriere, Heidelberg 2007.

Meyer, Charles: Die faire Kündigung, Zürich 2009.

Müller-Zantop, Susanne: CEO-Positions, Blog 16.3.13.

Nentwich, Andreas: Rausfliegen mit Erfolg, Wien 2011.

Neuberger, Oswald: Führen und führen lassen, 6.Aufl., Stuttgart 2002.

Rosenberg, Dr. Marschall: Gewaltfreie Kommunikation, Paderborn 2007.

Schrader Einhard / Küntzel Ulrich: Kündigungsgespräche, Hamburg 1995.

Schuster, Klaus: 11 Managementsünden, die Sie vermeiden sollten, München 2009.

Scott, Susan: Fierce Conversations. New York 2002, 2004.

Sprenger, Rheinhard K.: Radikal führen, Frankfurt am Main 2012.

Sprenger, Rheinhard K.: Vertrauen führt, Frankfurt am Main 2002.

Unger Hans-Peter / Kleinschmidt Carola: Bevor der Job krank macht, München 2006.

Walsh, Neale D.: Gespräche mit Gott, New York 1997.

# 10 Die Autorin

Gabriele Euchner ist Diplom-Kaufmann und blickt zurück auf eine mehr als 20-jährige Karriere im Management und als Unternehmensberaterin. Sie verfügt über extensive Managementerfahrungen in Marketing und Sales sowie in der Führung von Divisionen und Regionen, zuletzt als General Manager und Geschäftsführerin verantwortlich für Deutschland, Niederlande und Schweiz bei Mary Kay Cosmetics sowie Jafra Cosmetics Schweiz (bis zu 12.000 Vertriebs- Mitarbeiter). Im Marketing Management weltbekannter Konsumgütermarken liegen ihre Wurzeln in Unternehmen wie Philip Morris, Kraft Foods, J & J und Reemtsma. Sie lehrte „International Marketing“ an der Munich Business School, trainierte über 250 Marketing Manager eines weltweit agierenden Konzerns in einer von ihr aufgebauten „Marketing Academy“ und hielt Vorträge und Workshops u. a. für das Management Forum Starnberg und ZfU in Zürich.

Gabriele Euchner schaut gerne über den Tellerrand hinaus. Die Oberflächenbetrachtung genügt ihr nicht. Sie will, wenn möglich, alles auch in der Tiefe begreifen. Deswegen erweiterte sie ihr wirtschaftswissenschaftliches Studium um zahlreiche Weiterbildungen. Sie ist zertifiziert als Business Coach und NLP-Master (INLPTA, DVNLP), in Systemischem Coaching sowie in verschiedenen Methoden der Energiearbeit, u. a. Silva Mind Control, Matrix, Meditation und als Reiki-Master.

Gabriele Euchner ist Autorin der folgenden Management-Bücher:

„Schlüsselfaktor Motivation! Vom Mit-Arbeiter zum Mit-Unternehmer!“ (Enchanted Mesa Publishing 2008) und

„Erfolg als Entrepreneur: Der Qualitätscheck für die neue Managergeneration!“ (Financial Times Deutschland 2000).

Ihr Management Know-how stellt sie heute als Unternehmensberaterin, Personal Coach und Trainerin internationalen Führungskräften zur Verfügung. Sie lebt seit fünf Jahren in der Schweiz.

Gabriele Euchner können Sie persönlich erreichen. Schreiben Sie bitte per E-Mail an

**info@help-me-hotline.com oder info@gabrieleeuchner.com**

Nennen Sie bitte Ihre Kontaktdaten (Name, Stadt/Land, Skype oder E-Mail-Adresse), um welches Anliegen es sich handelt und was Sie brauchen. **Sie wird sich umgehend bei Ihnen melden!**

# Stichwortverzeichnis